바다의 채소 해조류,
제대로 알고 먹자!

임치원 지음

목차

제1장

해조류란?

1. 해조류란 무엇인가? ·············· 12
2. 해조류, 해초류와 염생식물은 어떻게 다를까?
   1) 해조류와 해초류 ············ 15
   2) 염생식물 ················ 17
3. 해조류의 종류는 어떤 것이 있는가? ········ 18
   1) 녹조류 ················· 19
   2) 갈조류 ················· 20
   3) 홍조류 ················· 21

제2장

해조류에는 어떠한 성분이 들어 있는가?

1. 단백질 ··················· 26
2. 지질 ···················· 27
3. 탄수화물 ·················· 28
   1) 알긴산 ················· 29
   2) 카라기난 ················ 30
   3) 한천 ·················· 31
   4) 후코이단 ················ 31
   5) 라미나란 ················ 32
4. 무기질 ··················· 32
   1) 요오드 ················· 33
   2) 셀레늄 ················· 34

제3장

우리가 먹고 있는 해조류는 어떤 것이 있을까?

제1절 녹조류

1. 매생이 ·· 36
2. 청각 ·· 41
3. 파래류 ·· 43
   1) 가시파래 ·· 45
   2) 참갈파래 ·· 49
   3) 구멍갈파래 ·· 52
   4) 격자파래 ·· 53
   5) 납작파래 ·· 55
   6) 잎파래 ·· 57
   7) 창자파래 ·· 58
   8) 참홑파래 ·· 60

제2절 갈조류

4. 감태 ·· 63
5. 고리매 ·· 66
6. 곰피 ·· 68
7. 다시마류 ·· 70
   1) 다시마 ·· 70
   2) 개다시마 ·· 76
8. 대황 ·· 78
9. 뜸부기 ·· 80
10. 모자반류 ·· 83
    1) 괭생이모자반 ·· 84
    2) 모자반 ·· 86
11. 미역류 ·· 90
    1) 미역 ·· 90

2) 구멍쇠미역 ·· 98
　　3) 넓미역 ·· 99
　　4) 미역쇠 ·· 101
　　5) 쇠미역 ·· 102
　12. 톳 ·· 104
　13. 패 ·· 107
　　　　제3절 홍조류
　14. 갈래곰보 ·· 108
　15. 꼬시래기 ·· 111
　16. 김류 ·· 115
　　1) 참김 ·· 117
　　2) 둥근돌김 ·· 124
　　3) 방사무늬김 ······································ 125
　　4) 모무늬돌김 ······································ 125
　　5) 잇바다돌김 ······································ 126
　17. 참도박 ·· 127
　18. 돌가사리 ·· 129
　19. 볏붉은잎 ·· 131
　20. 불등풀가사리 ···································· 133
　21. 서실 ·· 137
　22. 우뭇가사리 ·· 139
　23. 진두발 ·· 143
　24. 참풀가사리 ·· 145

참고자료 ·· 148
색인 ·· 150

머리말

해조류는 바다에 사는 조류를 총칭하는 말로 크게 미역이나 김과 같이 크기가 큰 대형해조류와 클로렐라, 스피룰리나와 같은 현미경으로 보아야만 형태를 알 수 있는 미세조류로 크게 나눌 수 있다. 본 책에서는 대형해조류에 관한 것으로 상업적으로나 일반 대중들에게 비교적 잘 알려져 있고 관심을 가질 수 있을 만한 대표 해조류 24종(세부적으로는 45종)을 선정하여 일반인들도 알기 쉽게 정리하였다. 책 내용의 구성은 각 해조류에 대한 생태적 특징과 함께 각각의 해조에 대해 얽힌 여러 가지 이야기와 우리나라 및 외국에서는 어떻게 먹고 이용하는지에 대한 내용을 설명하였기에 해조류를 이용하여 요리를 하거나 식품가공 소재 또는 그 외로 산업적으로 이용하고자 하는 사람들에게 조금이나마 도움이 되고자 이 책을 엮게 되었다.

일반적으로 해조류를 '해초', '바닷풀' 또는 '바다의 이끼'라고 많이 쓰는데 영어로 표현하면 해조는 sea weed 또는 marine algae라고 할 수 있고, 해초라고 하면 sea grass가 되는데 이것은 그다지 좋은 의미로 해석되지는 않는다. 서양에서는 육상식물류와 달리 해조류를 식품으로 이용하는 경우가 아주 드물었기 때문에 현대에 와서도 해조류를 채소류와 같은 동등한 수준으로 취급하지 않는다. 그러나 최근에는 해조류에서 수많은 기능성성분 뿐만 아니라 해조류가 가지고 있는 특유의 미네랄, 해조다당류와 식이섬유 등이 각광을 받기 시작하면서 그 위상이 점차 높아지고 있는 것도 사실이다. 우리도 앞으로는 해조류를 더 이상 '바다의 조류' 또는 '바다의 이끼'라고 부르지 말고 앞으로는 바다에서 나는 채소, 즉 바다채소 또는 해채소(sea vegetable)라고 하면 어떨까 제안한다.

해조류를 인류가 이용했다는 기록은 B.C. 600년경 전에 공식적인 자료로 나타난 것으로 알려져 있는데 실제로는 더 오래전부터 해조류를 식량으로서 이용해 왔다는 것을 추정할 수 있다. 곰곰이 생각해 보면 인류가 진화하기 시작하면서 초기의 인류들은 해안이나 강가의 주변에서 정착하면서 쉽게 얻을 수 있는 조개와 물고기 등과 같은 동물성식품을 먹었던 사실을 조개무지나 화석 등의 흔적을 통해서 알 수 있다. 그래서 바닷가 근처에 사는 인류들은 해조류와 같은 것과 식물류들도 자연스럽게 섭취한 것은 당연할 것으로 생각된다. 그러나 해조류는 이들 어패류와 달리 단단한 고형물로 되어있지 않아 화석화되기 어렵기 때문에 그 흔적이 남아있지 않아 식용으로 하였다는 정확한 근거를 확인하는 것은 매우 어려운 것도 사실이다. 선사시대 인류의 사람들은 잘 몰랐겠지만 인간의 생존을 위해 필수적으로 섭취해야 하는 소금 등과 같은 미네랄도 자연스럽게 보충하기 위해서 본능적으로 이끌려 이러한 해조류의 섭취를 통해서 충족하였을 것으로 추정된다. 이러한 소금을 갈구하는 욕망은 인류가 사냥을 하는 대신에 농사를 짓기 시작하면서 더욱 더 심해지는데, 동물을 섭취하면 자연스럽게 동물조직에 있는 나트륨을 섭취할 수 있지만 식물은 소금이 성장에 커다란 장애요인으로 작용하기 때문에 식물내에는 나트륨함량이 극히 적다. 따라서 식물만으로 인류가 생존하기는 생리적으로 불가능하기 때문에 본능적으로 나트륨의 섭취를 하고자 하는 욕망이 생기게 되는 것이다. 당시의 인류는 바닷물을 소금으로 만드는 방법을 몰랐기 때문에 자연스럽게 해조류 등과 같은 수산물을 통해서 나트륨을 섭취하였을 것으로 추정하는 것이다.

　해조류는 특히 한국이나 일본과 같은 극동아시아 국가에서 즐겨 먹어온 식재료이기는 하지만, 서양에서도 육상작물의 흉작으로 인해 발생하는 기근으로 굶주릴 때에는 육상식물의 대체식량원으로 활용하기도 하였다. 비록 해조류가 식량원으로서는 사용빈도가 적었을지라도 가축의 사료나 농작물의 비료 등과 같은 용도로는 비교적 널리 사용되어 왔고, 또 질병치료의 목적으로도 널리 사용되었다는 기록이 동의보감(한국)이나 중약대사전

(중국) 등과 같은 고전 한의학서에도 기술되고 있는 것으로 보아 우리 선조들이 오래전부터 꾸준히 해조류를 이용해 왔다는 것은 사실을 알 수 있다.

보통 해조류는 색깔로서 많이 구별하는데 크게 보면 잎이 푸른색을 띠는 녹조류, 갈색 또는 흑갈색을 띠는 갈조류와 붉은색을 띠는 홍조류로 크게 세 가지로 나눌 수 있다.

녹조류에는 파래, 청각, 매생이 등을 가장 대표적인 예로 들 수 있으며, 녹조류는 일반적으로 육지와 바다의 얕고 좁은 경계면에 가까이에서 햇빛을 많이 받는 곳에서 서식하며 엽록소나 갈색소와 같은 색소 중 특히 엽록소를 많이 함유하고 있다. 갈조류에는 미역, 다시마, 톳, 곰피, 감태, 대황 등이 있으며, 녹조류보다 좀 더 깊은 바다에서 서식하며 엽록소보다는 갈색소가 많으며, 홍조류에는 우뭇가사리, 풀가사리, 도박, 갈래곰보, 꼬시래기 등과 같은 것이 있다. 홍조류는 다른 해조류보다 가장 깊은 바다에 서식하며 엽록소 외에 적색소의 함량이 특히 많다. 그렇지만 대부분의 해조류들이 서식하는 수심은 대개 30미터 이내에 집중되어 있는데 그 이하의 수심에서는 햇볕이 잘 들지 않아 해조류가 자라기 힘든 환경이기 때문이다.

일반적으로 해조류의 영양성분 조성을 대략적으로 살펴보면 말린 해조류에서 회분은 25% 정도를 차지하고 있고 회분을 구성하고 있는 성분으로 칼슘, 칼륨, 인, 구리, 망간, 철, 요오드 등과 같은 다양하고 유용한 무기질이 풍부한 대표적인 알카리성 식품이다.

녹조류 중 파래나 매생이에는 비타민 A, B 등과 함께 무기질이 풍부하여 우리 몸의 밸런스를 유지시키는데 유용하며, 갈조류에는 손으로 만지면 알긴산이라는 끈끈한 점질물이 많이 함유되어 있는데 이것은 중금속과 잘 결합하는 성질이 있기 때문에 우리 몸속에 들어온 중금속을 체외로 배설시켜주는 기능이 있으며, 또 식이섬유 함량이 높아 혈중콜레스테롤 수치와 고혈압, 심장병, 동맥경화 등을 낮추어 주는 효과가 있다. 특히 갈조류에는 요오드가 많이 함유되어 있으며, 요오드는 체내에서 갑상선 호르몬의 주요 성분으로 심장과 혈관의 원활한 활동, 체온과 땀의 조절 등 신진대사를 증진시키는 효과가 알려져 있다. 홍조류인 김, 우뭇가사리, 불등풀가사리, 돌가사리 등에서는 비타민뿐만 아니라 한천이나 카라기난 등과 같이 미생물이나 인간이 소화시킬 수 없는 난소화성 다당류와 식이섬유 함유량이 높아 성인병예방이나 다이어트에 유용한 식품이다. 특히 김에는 비타민 A, B, B12, C 등이 많고, 식욕을 돋우는 독특한 향기가 있으며, 시스틴과 같은 아미노산과 만난과 같은 당질이 많이 함유되어 있어 독특한 맛을 낸다.

식품으로서의 해조류 소비량을 보면 우리나라에서는 미역이 75%로 가장 많고, 일본에서는 김이 45%로 가장 많다. 그러나 해조류의 전체 생산량으로 볼 때는 중국이 압도적으로 많은 양을 생산하고 있다.

전 세계적인 해조류의 이용현황을 살펴보면, 식용, 사료 또는 산업적으로 이용가능한 해조류 종류는 대략 220여종 정도가 알려져 있고 이 중에서 식용으로 하는 종류는 대략 145종으로 이용가능한 전체 해조류의 60% 이상을 차지한다.

우리나라의 경우 문헌을 통해 역사적으로 해조류에 대한 언급을 한 자료를 조사해 보면, 신라시대에도 식량으로서 다시마가 전통적으로 사용되어 왔다는 기록도 있고, 조선시대의 조선왕조실록 자료에도 왕의 진상품으로도 자주 등장하고 있다. 특히 정약전이 흑산도에서 유배 중 지은 『자산어보』(1814년)에는 채집된 해조류가 35여종으로 해조류의 형태와 먹는 방법 등에 대해서 자세히 기술하고 있다. 그보다 훨씬 전에 허균이 쓴 도문대작(1611년)에도 여러 가지 해조류에 대해서 기술하고 있으며, 해조류 중에서 미역과 김과 같은 해조류는 이미 1300년대부터 한국 남해안에서 양식되기 시작하였다는 기록도 있다. 또한 조선왕조실록에 보면 해조류에 대한 내용이 많이 등장하는데 그 중에서도 해조류의 진상문제와 흉년에 먹을 것이 없을 경우에 곡식대용으로서 해조류를 사용하는 것에 대한 것에 대해 논의한 기록도 있다.

현재 우리나라에서 서식되고 있는 해조류의 종류는 대략 900여종 정도가 되는 것으로 알려져 있는데, 이 중에서 양식을 통해서 산업화되고 있는 종류로는 김, 미역, 다시마, 모자반, 톳, 파래, 매생이 등 7종 정도에 불과하며, 전체 해조류중에서 식용으로 가능한 것은 이들 양식종을 포함해서 대략 90여종 정도로 알려져 있다.

해조류는 지금까지는 배고픔을 잊게 해주는 구황식품이나 반찬꺼리 정도로 취급하거나 공업원료로서만 일부 사용하는 것으로 취급되었는데, 근년에 들어와서는 해조류가 각종 성인병이나 특수한 질병에 대한 기능이 확인되기 시작하면서 이를 이용하여 다이어트식품 또는 건강기능식품으로 개발하고자 하는 연구가 활발히 진행되고 있다. 일반인들도 식생활이 다양화되고 웰빙(well-being)과 건강에 대한 관심이 고조됨에 따라 차별화된 식품을 섭취하려는 추세가 증가하고 있어 해조류가 건강에 유익한 식재료로 될 수 있다는 정보와 인식이 확산됨으로서 이를 이용해서 가정에서 요리해 보려는 경향이 점차 확대되고 있는 실정이다.

이에 본 저자는 시대적인 식생활 변화추세에 맞추어 해조류를 식품으로 이용하고자 하는 사람들은 점차 많아지는 반면에 이를 체계적으로 정리한 서적은 거의 없어 수산식품을 연구하는 입장에서는 안타까운 마음이 들어 일반인과 해조류에 관심이 있는 사람 중 식품개발이나 요리에 관심이 있는 사람들도 쉽게 이해할 수 있는 참고가 되는 정보를 제공하고자 이 책을 발간하게 되었다.

본 저서에서는 현재까지 한국에서 식용되고 있는 해조류는 비공식적으로, 약 90여종 가까이 되는 것으로 알려져 있는데 이 책에서는 그 중에서 일반 대중들도 한번쯤은 들었을 만한 해조류와 비록 낯설지만 식품으로서 중요하다고 생각되는 해조류 24종(세부적으로는 45종)을 선별하여 자료를 수집/정리하여 책으로 엮고자 한다. 여기에 기술된 식용해조류와 관련하여 그들의 생태특성, 각 해조류에 얽혀있는 이야기, 국내외에서의 식용사례 및 한방에서의 약용사례와 아울러 과학적으로 밝혀진 생리기능성에 대한 연구결과 등을 간단히 소개하였으며, 또 이들 해조류가 가지고 있는 영양성분과 기능성성분에 대한 설명도 곁들였다.

2020년 현재 우리나라의 해조류의 연간 생산량이 약 160만톤 이상이 되는데 이는 우리나라 수산물 생산량 전체가 300만톤 정도로 절반 이상이 해조류가 차지할 정도로 비중이 매우 높다. 이러한 이유는 최근에 들어와서 김의 수요와 수출량이 증가하여 생산량이 폭발적으로 급증하고 있고 전복의 생산량이 증대됨으로서 전복의 먹이원으로 사용되는 다시마나 미역의 생산량도 덩달아 높아졌기 때문이다. 이처럼 생산량이 늘어났음에도 불구하고 일반 국민들의 인식에는 그다지 해조류가 익숙하지 않는 것도 사실이다. 이것은 해조류가 여전히 우리 식탁에서 하나의 반찬거리나 간식거리에 불과한 것으로 인식되고 있기 때문이라 생각된다.

한편, 일반인들이 해조류를 고를 때 자연산인지 양식산인지를 간혹 따지기도 하는데 결론적으로 말하면 둘 간의 식품학적 또는 영양적인 차이는 거의 없다고 할 수 있다고 할 수 있다. 왜냐하면 해조류는 일반 양식수산물이나 채소류와는 달리 재배시 별도의 비료나 영양분을 투입하지 않고 오로지 자연 그대로인 바다속에 함유되어 있는 영양분만으로 키우기 때문이다. 그렇지만 자연산과 양식산을 굳이 구별하자면 양식산은 아무래도 대량생산을 위해 밀식하거나 햇빛에 노출을 시키지 않고 키우기 때문에 자연산에 비해서 다소 영양적 가치가 떨어질 가능성이 있고 또 자연산은 양식산보다도 더 파도나 조류가 심한 곳에 서식하는 경우가 많아 조직감이나 조체의 성장상태가 차이가 날 가능성이 높은 것은 사실일 것이다.

본 저자는 이러한 해조류에 대한 인식을 높이고 변화하고 있는 식문화에 발맞추어 해조류에 대해 일반대중들도 쉽게 이해할 수 있도록 접근하고

자 이 책을 발간하게 되었다. 그러나 저서발간을 위해 오래전부터 준비하여 왔음에도 불구하고 지금에야 인쇄된 것은 해조류에 대한 국내외의 식용 자료수집이 어려웠고, 무엇보다도 어려운 것은 관련 사진자료를 확보와 정확한 분류를 하는 것이 곤란했다는 점이다. 이는 우리나라에서 해조류의 분류에 대한 연구를 하는 학자들이 드물어 가능한 한 자문을 얻어 동정을 행하였으나 사진만으로는 정확한 동정의 한계가 있었으며, 또 최신의 사진자료를 확보하는데 한계가 있었던 것도 큰 장애물이 되었다. 아무튼 다소 부족한 자료가 될지 모르지만 해조류의 식용이나 이용에 관심이 있는 독자에게 조금이라도 도움이 되었으면 한다. 간혹 내용 중에 다소 틀린 부분이 있거나 잘못 인용된 해조류의 경우 본 저자가 해조류 분류와 동정에 해박하지 못해서 오는 오류이므로 잘못된 동정이나 틀린 부분에 대해서 지적해 주면 추후 개정판에는 수정하여 반영하도록 하겠다.

제1장
해조류란?

1. 해조류란 무엇인가?

현재 지구상에는 3,000만종이 넘는 동물과 50만종의 식물, 8만종의 조류가 고도 2만 미터의 성층권에서부터 심해 1만 미터까지의 넓은 입체적인 공간에서 서식하고 있다. 이 중 미세조류 및 대형해조류를 포함해서 약 25,000 종류의 해조류가 존재하는 것으로 알려져 있는데, 전체 식물과 비교해 볼 때 5% 정도에 지나지 않는다(그림 1). 이들 해조류 중에서도 인간의 관점에서 유용하게 이용되고 있는 것은 극히 일부분에 지나지 않는다.

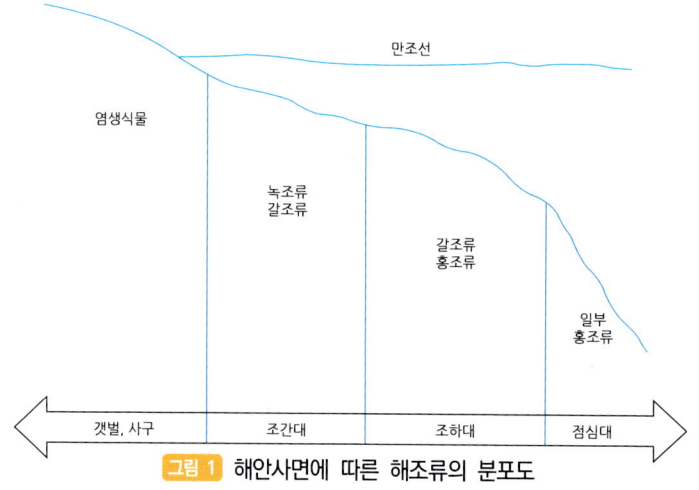

그림 1 해안사면에 따른 해조류의 분포도

해조류는 일반적으로 뿌리, 줄기, 잎의 구별이 명확하지 않기 때문에 크게 엽상부와 기근부로 나누며, 육안으로 관찰할 수 있는 대형해조류와 현미경으로만 관찰할 수 있는 미세조류의 두 가지 종류로 크게 나눌 수 있다. 대형 해조류에는 우리가 바닷가에서 흔히 볼 수 있는 해조류로 색깔에 따라 녹조류(green algae), 갈조류(brown algae), 홍조류(red algae)로 구분한다.

이러한 수많은 해조류 중에서 이 책에서 다루고자 하는 해조류는 우리들의 식생활에 밀접한 대형해조류에 대해서만 한정한 것으로, 영양체의 생활기간에 따라 1년생과 여러해살이 해조류로 나누어질 수 있다. 해조류는 육상식물과 달리 씨나 열매를 맺지 않고 포자로만 번식을 하는데, 1년생 해조류는 단순한 세포분열에 의하여 개체가 증식하는 단세포체로 시작하여 다세포체 또는 영양체가 1년에 한번씩 주기적으로 나타나서 1년 동안에 한 세대 또는 여러 세대가 나타나는 것으로서 김, 미역, 파래와 참모자반 등이 있다. 여러해살이 해조류는 다세포조직으로 된 영양체가 1년 이상 생육하는 것으로 영양체의 직립부는 포자를 방출한 후 몸체는 녹아 없어지거나 고사하지만, 부착기는 남아 그곳에서 다시 새싹을 내는 풀가사리, 톳, 진두발 등과 같은 해조류도 있고, 직립부의 하부가 수년간 남고 상부만 탈락되어 새로운 엽상부를 만드는 감태, 다시마와 대황 등과 같은 해조류도 있다. 또, 생식세포를 방출하면 다소 쇠퇴하지만 그래도 직립부의 대부분이 그대로 남아서 계속 생장하며 생식세포를 만드는 우뭇가사리 등과 같은 해조류도 있다.

해조류를 일반적으로 녹조류, 갈조류와 홍조류로 나누는 것은 해조류 속에 포함되어 있는 색소함량 때문인데, 녹색을 띠는데 관여하는 대표적인 색소는 클로로필(chlorophyll)이고, 황색을 띠는 색소로는 카로테노이드(carotenoid), 적색을 띠는 색소로는 피코빌린(phycobilin) 등이 있는데 그 함유비율에 따라 녹조류, 갈조류와 홍조류로 구분된다.

한편, 인류가 해조류를 이용했다는 최초의 기록은 B.C. 600년경부터라고 알려져 있으며, 그 당시에는 해조류가 식량으로서 사용되었을 뿐만 아니라 해안가의 거주민들에 대한 의약품으로도 사용되었다고 한다. 특히, 아시아에서 해조류는 육상작물의 흉작으로 인해 식량이 부족할 때 굶주림을 달래기 위한 식량의 대용품으로 이용되어 왔다. 중국의 고서에서도 해조류의 중요성, 요리법과 유용성이 기재되어 있고, 아시아, 아메리카와 하와이 등지에서도 식용하였다는 흔적이 발견되었으나, 반면에 유럽에서는 식량으로는 거의 사용되지는 않고 약용, 사료 또는 비료로는 일부 사용되어 온 것으로 알려져 있다.

현재 전 세계적으로 식용가능한 해조류 종류는 약 220종 정도이며 이 중에서 실제로 유통되고 있는 해조류는 150종 정도이고, 우리나라에서 식용되고 있는 해조류는 대략 90종 정도가 되는 것으로 알려져 있으나 실제로 유통 또는 이용가능한 종류는 최대로 볼 때 50여종 정도에 불과하다. 주로 한국과 일본 및 중국에서는 해조류를 식용으로 많이 활용하고 있거나 일부 동물사료나 비료 등으로 사용하고 있는 반면, 유럽이나 아메리카에서는 주로 다당류(한천, 알긴산, 카라기난 등)를 추출하여 산업용소재로 이용하거나 일부는 의료용소재로서 활용하고 있다. 전 세계적으로 볼 때 식용 해조류로 이용되는 비율은 녹조류가 0.4%, 홍조류가 33.0%, 갈조류가 66.5%의 비율로 절대적으로 갈조류의 이용빈도가 높다. 생산량으로 볼 때는 중국, 한국, 일본의 순이며, 주로 소비되는 국가는 이들 세 개 국가가 가장 많고, 그 외에 필리핀이나 태국 등의 아시아국가에서도 일부 소비되고 있다.

2. 해조류, 해초류와 염생식물은 어떻게 다를까?

1) 해조류와 해초류

　일반적으로 바다에 서식하는 식물로는 해조류와 해초류로 나눌 수가 있고, 또 하나로는 갯벌이나 바닷가에 서식하는 염생식물이 있는데 이들은 모두 바다를 매개로 하는 수생식물이지만 엄연히 다른 종류이기 때문에 그 차이점을 분명히 알아 둘 필요가 있다.

　먼저 해조류는 대체로 뿌리, 줄기와 잎의 구분이 명확하지 않은 수생식물인 반면에, 해초류는 육상식물과 마찬가지로 겉으로 볼 때 뿌리, 줄기와 잎으로 명확하게 분화되어 있어 쉽게 구별이 가능하다. 또 해초류는 해산 현화식물에 속하는데, 다시 말하면 꽃을 피워 씨를 맺는 식물이란 뜻이지만 일반 육상식물과 달리 꽃을 보기는 거의 어렵다. 해초의 대표적인 종으로는 잘피(그림 2)를 들 수 있는데 정확한 명칭은 '거머리말'로 바닷물에 적응되어 살고 있는 고등현화식물의 한 가지 종류로서 잎, 줄기, 뿌리와 같은 조직이 뚜렷하게 구분되어 해조류와는 구별된다. 우리나라 연안에 서식하는 잘피는 거머리말속 5종(거머리말, 왕거머리말, 포기거머리말, 수거머리말, 애기거머리말)과 새우말, 게바다말, 줄말 등을 포함해서 총 8종이 서식하는 것으로 알려져 있다. 이 중에서 거머리말, 포기거머리말, 수거머리말, 왕거머리말을 보호대상 해양생물로 함부로 채취하는 것은 금지하고 있다. 거머리말의 종류는 일반인들은 구별하기 어렵기 때문에 가급적 채취하지 않는 것이 좋다.

그림 2 거머리말(잘피)

　한편, 대부분의 해조류는 뿌리, 줄기, 잎의 구분이 없고, 대부분의 조체가 부드럽고 잎 모양으로 넓적하거나 길다란 띠 모양을 하고 있지만, 모자반과 같은 일부 해조류는 조체가 딱딱하고 그 모양도 마치 뿌리, 줄기, 잎이라고 할 정도로 특수하게 분화되어 있어 마치 육상식물처럼 보이는 것으로 가장 진화가 된 종류이다. 그렇지만 그 외부형태가 어떻든 간에 이들은 내부조직에서도 물이나 영양을 체내로 이동시키는 물관이나 체관조직이 없다. 뿌리처럼 보이는 부착기는 조체를 단단한 물체에 고정시키는 역할만 하고 있을 뿐 영양분이나 물을 체내로 섭취하는 역할을 하지는 않는다. 겉으로 보기에는 줄기나 잎과 같은 형태를 띤 부분이 표면에서 직접 해수중에 있는 영양분을 흡수하거나 빛에너지를 이용하여 탄수화물을 만든다. 그리고 해조류는 조류의 흐름에 따라 흔들리기 때문에 육상식물과는 달리 몸을 지탱하는 단단한 기계조직이 필요가 없다.

　일반적으로 해조류의 성장기를 살펴보면 미역이나 김과 같은 경우는 가을부터 서서히 자라기 시작해서 겨울과 봄에 가장 무성하게 되며 여름에는 군락이 쇠퇴하는 전형적인 성장사이클을 가지며, 우리나라에서는 3~5월에 해조류가 번성하고 여름에는 쇠퇴하는 것이 일반적인 경향이다. 하지만, 파래와 같은 일부 종이나 일부 홍조류 등은 따라 성장기, 성장성기, 쇠퇴기 등 이들 해조류와는 계절적 성장이 다른 경우도 있다.

2) 염생식물

염생식물(halophyte)은 염분이 있는 곳에서 서식하는 식물을 총칭하는 것으로서 바다속 뿐만 아니라 갯벌과 사구를 포함하는 해안 또는 내륙의 염분이 많은 호수 등에서 서식한다. 이러한 염생식물들은 생리적으로 내륙에 사는 식물들과는 달리 발아와 생장단계에서 염분이 필요하거나 필요하지는 않지만 염분에 견디는 능력을 가지고 있다(그림 3).

염생식물 중 하나인 퉁퉁마디는 밀물때에 바닷물이 들어왔다 썰물때 빠지는 조간대뿐만 아니라 바닷물에 잠기지 않는 해안지역이나 염전에서도 생육하기 때문에 최근에는 버려진 염전을 활용하여 이것을 재배하여 시중에 판매하기도 한다.

그림 3 습지에서의 염생식물이 서식하는 모습

전 세계에 분포하는 염생식물은 관속식물의 2%에 해당하는 5,000 ~ 6,000종 정도의 분류군으로 나누어지는 것으로 알려져 있는데, 우리나라에서는 최대로 90여종이 염생식물로 분류된다.

염생식물 중에서 몇몇은 나물로서 이용가치가 있어 인기가 높아지고 있는데 그 중에서도 특히 갯기름나물, 나문재, 칠면초, 해홍나물 등이 주된 먹거리로 이용된다. 최근에는 갯개미자리와 갯기름나물이 각각 '세발나물'과 '방풍나물'로 부르는데 이른 봄 우리들의 식탁을 풍성하게 해주는 나물로서 인기가 높다. 그래서 남해안 일부지역에서는 이들을 봄철 고소득 작물로 비닐하우스 또는 노지 재배하여 농가소득을 올리는데 한몫을 하고 있다. 그리고 함초라고도 불리는 퉁퉁마디라고 하는 염생식물은 우리나라에서는 나물로서 해서 먹거나 여러 가지 건강기능식품으로 개발되어 판매중에 있고, 서양에서는 과거에 퉁퉁마디를 태워서 유리제조에 쓰이는 탄산나트륨을 천연적으로 얻는 재료로 사용되기도 하였다고 한다. 또한, 한방에서는 전통적으로 갯기름나물, 갯실새삼, 갯장구채, 번행초, 사철쑥, 순비기나무 등을 약재로 사용해 왔다고 한다. 이처럼 염생식물들은 식용, 약용 또는 공업용 자원으로서 활용가치가 높고 체내에 염분을 함유하고 있어 천연 맛소금 등과 같은 천연 조미료로서 활용도 하고 있다.

3. 해조류의 종류는 어떤 것이 있는가?

우리나라에서 서식하는 해조류는 녹조류가 123종, 갈조류가 293종, 홍조류가 592종 등 총 903종이 존재하는 것으로 알려져 있는데, 최근에는 분류학의 기법이 발달함에 따라 더욱 세분화되어 해조류 종류가 늘어나고 있는 추세이다.

지금까지 알려진 전 세계의 해조류 종류는 녹조류는 125속 6,500종(우리나라 근해에는 252종)이 있으며 이 중에서 2/3가 해산종이고, 갈조류는 240속 1,500종(우리나라 근해에는 379종)으로 3속을 제외하고 모두가 해산종이며, 홍조류는 총 400속 4,000종이 있으며 이 중 12속 50종은 담수산이다. 이처럼 해조류를 조체의 색깔의 차이에 따라 녹조류, 갈조류, 홍조류로 분류한 것은 1836년 아일랜드의 Dublin 대학의 Harvey 교수가 처음으로 사용한 것으로 실제로도 이렇게 분류된 해조류간에는 색소의 차이뿐만 아니라 그 외에도 많은 차이점이 있는 것을 알 수 있다.

1) 녹조류

녹조류에는 크게 담수산과 해수산으로 나눌 수 있는데 90%가 담수산이고, 해산녹조류는 10% 정도이다. 본 책에서 다룰 녹조류는 해수산에 한정한 것으로 열대, 아열대 및 온대의 조용한 해안가에서 많이 서식한다. 그러나 열대에서는 수심 100m의 깊은 곳에서도 살고 있는 것도 있지만, 우리나라의 경우에는 대부분이 수심 10m 이내에서 생육하고 있다.

녹조류는 생존방식에 따라서도 부유성과 고착성으로 나눌 수 있으며, 단세포인 것과 군체를 형성하거나 다세포인 것이 있고, 세포는 단핵인 것과 다핵인 것이 있는 등 녹조류는 매우 다양한 형태를 가진다. 일반적으로 파래와 같은 녹조류는 조간대 상부에서 서식하지만, 어떤 종은 수심 80m에서 채집된 바도 있다고 한다. 녹조류는 고등식물과 마찬가지로 색소체는 엽록소 a, b와 크산토필(xanthophyll), 카로텐(carotene)과 같은 카로테노이드(carotenoid)도 함유하고 동화물질은 녹말(전분)이다. 크산토필에는 루테인(lutein), violaxanthin, neoxanthin, anthraxanthin, zeaxanthin을, 카로텐 종류로는 α(알파)-, β(베타)-,

γ(감마)-carotene이 있으며, 피코빌린(phycobilin) 단백질은 존재하지 않는다.

담수산 녹조식물은 단세포체 또는 군체로서 대부분이 부유생활을 하며 다세포체인 종류라도 세포가 단순히 일렬로 나열되어 있는 매우 간단한 사상체이다. 전체 녹조류 중에서 담수산이 약 90% 정도를 차지하며, 해산종의 경우 단세포성 부유생물도 있으나 대부분은 다세포성 해조류이다.

2) 갈조류

갈조식물은 거의 대부분이 해산종으로 온대나 고위도지역에서는 홍조류보다는 종수는 적으나 양적으로는 연안에 있어서 밀집해 있다. 반면 열대의 갈조류들은 고위도 해역의 것들보다도 크기, 개체수와 종수에 있어서 훨씬 적다. 해산 갈조류는 대부분이 눈으로 관찰가능한 크기를 가지고 있으며 단세포체, 군체 또는 단조의 사상체는 거의 없다. 특히 모자반과 같은 종류는 외형상으로는 고등식물처럼 기관이 분화되어 육상식물과 매우 유사한 구조를 가지고 있다.

갈조류는 전 세계에 약 240속 1,500종 분포하고 있고 바위에 부착하여 서식하거나 다른 해조류 위에 착생한다. 어떤 종은 숙주 조직내부로 침투하는 내생식물도 있으나, 조류 내에 합성되는 색소가 있기 때문에 기생관계는 아닐 것으로 추측되며, 조간대에서 조수간만의 차이에 따라 연속적인 서식지대를 형성한다. 갈조류의 대표적인 분류군인 다시마속은 최대 4~5m까지 성장하며, 북미에 있는 다시마목의 자이언트 켈프의 경우 크기가 수십 미터에 이르고 공기주머니가 있어 수면에 떠 있을 수 있다.

갈조류는 녹조류에 비해 서식 수심이 깊고 모두 다세포성이며 조류 중에서 가장 잘 분화된 체제를 가진다. 세포가 가지는 광합성 색소는 엽록소 a와 c, 크산토필류(갈조소, diatoxanthin, dianoxanthin, neofucoxanthin, canthraxanthin)와 carotene(β-, ε-carotene)을 함유하고 있으며, 피코빌린 색소단백질은 없다. 광합성을 통하여 만들어지는 동화산물은 탄수화물인 라미나란(laminaran), 만니톨(mannitol)과 후코산(fucosan) 등이 있다. 조체는 갈색소인 후코산틴(fucoxanthin)을 함유하여 갈색계통의 몸 빛깔을 띠며, 미역, 다시마와 모자반 등이 대표적인 예이다.

3) 홍조류

홍조식물은 극히 일부를 제외하고는 거의 대부분이 해산식물로서 그 수는 약 4,000종으로서 다른 종류의 해조류를 합친 것보다 더 많다. 서식수심은 고조선에서 햇빛이 도달할 수 있는 최대깊이까지 살고 있고, 지리적으로는 차가운 바다에서는 적고 온대와 아열대에는 다른 부류보다 많다.

홍조류는 붉은색 계통의 색깔을 함유하기 때문에 붙여진 이름으로 극히 일부가 단세포나 군체를 형성하나 대부분은 바다에 사는 다세포성 해조류로 김과 우뭇가사리 등 유용한 종류가 매우 많다. 홍조류는 수심이 깊은 곳까지 도달하는 짧은 단파장을 광합성에 이용하는데 조간대 하부, 해수가 고여 있는 조수 웅덩이, 약한 빛이 있는 곳이나 다른 해조류로 덮여있는 그늘진 곳에서 주로 서식한다. 홍조류는 진핵생물이며 색소체는 엽록소 a, d, 카로텐(α-, β-carotene), 크산토필류(lutein, zeaxanthin, violaxanthin, anthraxanthin)을 가지고 있고, 녹조류나 갈조류와 달리 피코빌린 단백질인 홍조소(phycoerythrin)와 남조소(phycocyanin)를 함유한다. 세포벽은 셀룰로즈, 펙틴 이외에 한천, 카라기난과 같은 콜로이드 물질로 되어 있으며, 홍조류의 대표 종으로는 김, 우뭇가사리, 풀가사리, 꼬시래기, 도박, 서실 등이 있다.

제2장

해조류에는 어떤 성분이 들어 있는가?

바다를 끼고 있는 국가에서는 옛날부터 해조류의 유익함을 익히 알고 인간의 삶의 증진을 위해 다양한 용도로 이용되어 왔다. 고대에는 해조류를 식량의 일부분으로서 사용하기도 했지만 특히 소금의 섭취원으로서도 중요하게 사용하였으며, 또 내륙 토착민들에게는 요오드 섭취부족으로 오는 갑상선질환 예방에도 오랫동안 사용되어 왔다.

일반적으로 파래, 다시마, 미역, 김과 같은 해조류는 탄수화물이나 무기질의 함량이 높은 반면, 단백질이나 지방함량은 특히 낮다. 그러나 마른 김의 경우에는 다른 해조류와 달리 단백질 함량이 38% 정도로 특히 높은 것이 특징이다. 또 해조류에 다량으로 함유되어 있는 탄수화물은 인간의 몸속에 스스로 이용할 수 있도록 하는 소화 또는 분해시킬 수 있는 효소가 거의 없기 때문에 그 동안에는 그에 대한 가치를 폄하하거나 영양적이나 식품으로서의 가치를 육상식물보다 매우 낮게 평가하기도 하였다.

한편, 해조류는 식량으로서의 가치뿐만 아니라 구충제, 비료와 가축 사료로서도 사용되어 왔지만, 옛날 문헌에 따르면 의약품대용으로도 오래전부터 사용되었다는 기록이 있다. 의약품으로의 이용의 사례로는 다음과 같은 것을 들 수 있다. 모자반과 다시마는 고대 중국에서는 갑상선종 등의 치료에 사용되었고, 수술도구로 사용되었을 뿐만 아니라 출산 시 분만을 돕기 위해 자궁경부의 확장을 목적으로 사용되었다. 또, 유럽의학 역사에서 보면 주름진두발은 설사, 비뇨기장애와 만성흉부감염의 치료를 위해 사용되었고, 참산호말은 구충제로서 널리 사용되었다고 한다. 한국에서는 청각과 지충이가 해안가에서는 구충제로서도 널리 사용되었다.

한편, 최근에는 해조류가 각종 기능성과 생리활성물질의 보고라는 것이 알려짐에 따라 조만간 의약품으로도 이용될 가능성이 지극히 높아지고 있는 것도 사실이다. 해조류에는 생장과 생식의 에너지원인 광합성을 행하는 엽록소를 포함한 카로틴, 크산토필과 홍조류의 붉은 색을 띠게 하는 색소단백질인 피코빌린 등도 있으며, 무기질 중에서도 특히 갈조류에 많은 요오드, 철, 아연, 코발트, 칼슘 등도 많이 함유되어 있다. 또한, 다양한 종류와 많은 양의 비타민을 가지고 있고, 해조류는 특히 조석에 의해서 노출과 침수를 반복해야만 하는 특성으로 다양한 자외선 흡수물질을 포함할 뿐만 아니라 인간의 질병치료에 필요한 많은 유익한 기능성성분을 함유하고 있다.

우리나라에서 식용가능한 해조류에서 일반성분의 조성을 국립수산과학원에서 발간된 한국수산물성분표를 근거로 하여 살펴보면, 생 해조류의 수분은 대략 85~95% 정도를 차지하고 있는 것으로 나타났으나, 건조된 제품으로 보면 단백질이 2~39% 정도를 차지하는 것으로 나타났다. 그러나 지질함량은 종류에 따라 다소 차이가 나지만 거의 대부분이 건중량의 3% 미만으로 소량으로만 존재한다. 탄수화물은 수분을 뺀 나머지 성분 중에서는 가장 많은 함량을 가지고 있으며, 대부분 건중량을 기준으로 볼 때 50% 이상을 차지한다. 일반적으로 해조류의 영양성분의 함량은 동일 종류라도 서식지역이나 채취시기에 따라 변화가 심하며, 단백질의 경우 일반적으로 겨울철이 높고 여름철에는 적으며, 무기질은 겨울철에는 낮고 여름철에는 높다.

다음은 해조류를 구성하고 있는 주된 부분을 차지하면서도 기본성분인 단백질, 지질, 탄수화물과 무기질에 대해 자세히 설명하고자 한다.

1. 단백질

　해조류의 단백질은 동물성식품에 비해서 함량이 매우 낮지만 수분을 제외한 상태에서 살펴보면 육상식물과 비슷한 수준을 차지한다. 다만 특이하게도 김의 경우는 건조물의 기준으로 보면 약 40% 정도로 매우 높다. 해조류 종류별에 따른 단백질 함량을 평가하면 일반적으로 녹조류가 가장 낮고, 그 다음으로 갈조류, 홍조류의 순으로 함량이 높아진다.

　그러나 해조류 단백질 중 홍조류나 남조류에 들어 있는 색소단백질을 제외하면 대부분은 단단한 세포막과 결합되어 있기 때문에 단백질을 추출하기 어렵고 고분자의 점질다당류가 많이 함유되어 있어 분리하기도 쉽지 않다. 그렇기 때문에 해조단백질은 식량자원이나 사료로 이용하려 해도 소화되지 않는 부분이 많아 단백질의 영양가 측면에서 보면 그다지 좋다고는 할 수 없다.

　한편, 단백질 함량이 높은 해조류로는 녹조류중에서는 매생이가 가장 높고 그 다음으로 파래류로 창자파래, 참갈파래, 가시파래, 참홑파래 순이며, 그 외에는 청각이 비교적 높다. 갈조류중에는 미역, 다시마, 대황 등이 함량이 높으며, 홍조류중에서는 참김이나 둥근돌김과 같은 김류가 가장 함량이 높고, 다음으로 불등풀가사리, 우뭇가사리 등이 높은 것으로 나타났다. 그러나 해조류의 단백질함량은 같은 종류라도 생육장소, 계절, 해수중의 영양염류 등의 영향에 따라 크게 변동한다.

　김의 경우 일반적으로 겨울철(1~2월)에 생산된 것이 단백질 함량이 가장 높고, 감태, 비틀데모자반 및 톳의 경우는 1~4월에 단백질함량이 최고로 나타났으며 8~9월에 최소 함량을 보인다고 한다.

　단백질을 구성하고 있는 아미노산 조성을 살펴보면 같은 종이라도 계절이나 생산지 등에 따라서 차이가 많은데, 일반적으로 알라닌(alanine), 아스파틱산(aspartic acid), 글리신(glycine), 프로린(proline) 등과 같은 중성 및 산성 아미노산의 함량이 높다는 점에서는 채소류의 경우와 비슷하고, 반면에 염기성 아미노산은 함량은 전체적으로 적지만, 이 중에서 아르기닌(arginine)은 비교적 높아 일반 육상식물에서 볼 수 없는 특징을 가진다고 할 수 있다. 또한, 메치오닌(methionine), 시스틴(cystine), 시스테인(cysteine)과 같이 황을 함유한 함황아미노산과 히스티딘(histidine), 티로신(tyrosine) 등의 함량은 극히 적은 반면에, 글루타민산(glutamic acid), 아스파틱산(Aspartic acid), 루이신(leucine), 알라닌, 발린(valine) 등과 같은 아미노산의 비율은 높은 편이다.

연체류인 문어, 새우, 게, 오징어, 패류 등에 많이 들어 있는 타우린(taurine)은 육상식물에는 거의 들어있지 않다고 알려져 있으나 김에는 특히 많이 들어있다. 타우린은 단백질을 구성하는 아미노산과 달리 카르복실기 대신에 황산기가 결합된 구조로서 다양한 생리활성을 가지고 있는데 예를 들면 콜레스테롤 감소작용과 혈압조절작용 등이 있어 매우 주목할 만한 성분이라고 할 수 있다.

2. 지질

해조류에는 탄수화물과 회분은 많은데 비해 지질함량은 매우 적다. 김의 경우 지질을 구성하고 있는 성분으로는 탄화수소, 스테롤(sterol), 스테롤 에스테르(sterol ester), 트리글리세리드(triglyceride), 디글리세리드(diglyceride), 모노글리세리드(monoglyceride), 유리지방산, 인지질 등이 있으며, 당지질도 적은 양이지만 들어있다. 해조류마다

지질함량이 다른 것은 해조류 종류마다 지질합성 능력이 다르고, 조체의 성숙정도, 영양상태, 온도, 공기 중 노출시간, 일사량 등이 다르기 때문이다.

해조류 지질의 지방산 조성을 살펴보면 해조류 종류와 상관없이 불포화지방산이 포화지방산보다 많으며, 개략적으로 살펴보면 불포화지방산이 60~85%, 포화지방산이 15~40% 정도이다. 지방산 조성은 해조류의 종류에 따라 상당히 특징적인 것이 있는데, 일반적으로 녹조류는 고등식물과 유사하고, 갈조류 및 홍조류는 고등식물과 차이가 많다.

3. 탄수화물(carbohydrate, polysaccharide)

탄수화물을 다른 말로 당 또는 다당류이라고 하는데 해조류에서 수분 다음으로 많은 양을 차지하는 성분으로 다당류를 해조류의 체내분포 위치에 따라 구분해 보면 가장 바깥층에 미세한 섬유상의 결정구조를 한 세포벽 다당류가 있고, 그 바로 안쪽에는 이러한 세포벽을 덮고 있는 무정형 겔 상태의 점질다당류가 차지하고 있으며, 세포내에는 저장다당류가 있다. 해조류는 평균 염도함량이 3%인 바다라고 하는 특수한 환경에서 생존하는 생물로 유속이 빠른 해수 속에서 잘 서식하는데, 이러한 생육환경에 적응하려면 이러한 다당류의 역할이 매우 중요하다. 예를 들면 다당류로 구성된 해조류의 세포벽은 육상식물보다 두껍지만 유연하면서도 탄력이 좋다. 게다가 해조류는 육상식물이 갖고 있지 않는 세포간 다당(점질다당)이나 저장다당의 구성당 중에는 카르복실기(-COOH기)나 황산기(-SO)를 포함한 산성의 탄수화물 성분이 들어 있는 것이 많다. 이것은 해수중에서 이온을 선택적으로 흡수

또는 교환하고 수분을 일정하게 유지시키는 역할을 한다.

해조류에 있는 탄수화물은 물리, 화학적 성질이나 구조가 육상식물에 비해 매우 복잡한데, 이것은 계통적으로 서로 멀리 떨어진 것이 많아 분류나 계통상의 위치, 형태나 생활양식의 차이와 다당류의 성상간에 어떤 연관성이 있을 가능성이 있다. 이것은 해조류의 분류나 계통의 지표로서 색소들의 차이를 이용하는 것과 비슷하다.

해조류에 함유되어 있는 주요 다당류로는 알긴산, 카라기난, 한천, 후코이단, 라미나란 등이 있는데 이들 다당류는 사람이 섭취하여도 몸속에서 분해하는 효소나 미생물이 없기 때문에 소화되지 못한다. 따라서 최근에는 이러한 난소화성 때문에 식이섬유소로서와 해조다당류가 가지고 있는 중금속제거 작용 등이 더욱 더 효용가치가 있는 것으로 이러한 성질을 이용하여 다양한 기능성을 가지는 건강기능성 제품을 개발하여 시판하고 있다.

해조다당류는 크게 세포벽의 구성성분을 이루는 세포벽 다당류, 육상식물의 감자나 고구마와 같이 저장되는 저장성 다당류와 세포간의 충진물로 되어 있는 점질 다당류로 많은 다당류를 나눌 수 있다.

여기에서는 이러한 다당류 중 산업적으로 중요한 점질다당류인 알긴산, 카라기난, 한천, 후코이단, 라미나란 등에 대해서 간략하게 설명하고자 한다.

1) 알긴산(alginic acid)

알긴산은 미역, 다시마, 모자반, 감태 등과 같은 갈조류에 널리 함유되어 있는 산성다당류로서 갈조류를 묽은 황산으로 전처리하여 알카리 수용액으로 추출하여 추출된 점성이 높은 추출액을 염산 등으로 산성으로 처리하면 생기는 흰색의 침전물이다. 쉽게 설명하자면 생미역이나 생다시마와 같은 갈조류를 만지면 점질물이 묻어나오는데 이것이 바로 알긴산이라고 할 수 있다. 일반적으로 다당류는 중성인데 알긴산은 산성다당류이며 영명으로는 alginic acid로 되어있어 이것이 산이라고 생각되기 쉬운데 엄연히 다당류로 산성다당류로 분류된다. 알긴산의 색택은 백색이고 냄새가 없으며 구성성분 중에는 카르복실기를 잔기로 가지기 때문에 산성을 띄며 잔기의 종류에 따라 여러 가지로 나누어진다. 그 중에서도 특히 용도가 다양한 알긴산 나트륨염을 일반적으로 알긴산이라고 하며 식품제조시에 널리 이용되고 있다.

2) 카라기난(carrageenan)

카라기난은 홍조류에 들어있는 세포간물질로서 갈락토스(galactose)와 언하이드로 갈락토스(anhydrogalactose)를 주성분으로 하는 황산에스테르의 산성다당류이다. 이것은 주로 우뭇가사리류에서 추출한 점질다당류인 한천과는 달리 황산기 함량이 많아 응고성이 약한 대신 점성이 대단히 큰 것이 특징이다. 아일랜드나 미국에서는 진두발류인 *Chondrus crispus*를 irish moss 또는 캐러긴(carragen)이라고 한다. 카라기난의 원료로 되는 대표적인 해조류로는 가시우무, 진두발, 돌가사리 등이 있다.

카라기난은 무미, 무취의 백색 또는 약간의 황색을 띠며, 분자량 10만 내지 80만 정도이다. 카라기난은 단일의 다당류가 아니고, 구성당의 결합방식, 황산기의 함량 및 결합위치 등에 따라 6종류의 카라기난이 알려져 있다. 이 중 산업적으로 생산되어 널리 이용되는 것은 κ(카파)-, λ(람다)-, ι(이오타)-카라기난이다.

3) 한천(agar, agar-agar)

한천은 우뭇가사리과(Gelidiaceae), 꼬시래기과(Gracilariaceae),

비단풀목(Ceramiales) 또는 돌가사리목(Gigartinales) 등 홍조류의 세포벽과 세포질 사이에 분포하는 것으로, 아가로스(agarose)와 아가로펙틴(agaropectin)과 결합된 형태로 존재한다. 한천은 카라기난과 마찬가지로 단일당으로 형성된 다당류가 아니고 아가로스가 약 70%, 아가로펙틴이 약 30% 정도의 혼합물로, 냉수에는 녹지 않지만 열수에는 녹는다. 이 물질은 세포골격의 안쪽을 형성하는 셀룰로즈의 바깥부분과 세포간격을 채우고 있으며, 세포벽 구성은 물론이고 해수로부터 이온을 흡수하거나 배출하는 역할도 하는 것으로 알려져 있다. 한천은 이들 세포간 충전물질인 점질다당류를 열수에 용출시켜 그대로 두면 마치 묵처럼 응고되는데 이것을 우무라고 하고 건조시킨 제품이 한천이다. 이러한 우무를 옛날 사람들은 소화가 되지 않는 특징을 이용하여 변비를 막는데 사용되기도 하였다.

4) 후코이단(fucoidan)

후코이단은 알긴산과 같이 갈조류에 함유되어 있는 점질다당류로 조체를 잘게 썰거나 파쇄하면 표면에 분비되는 세포간 점질물로 세포 사이에 있는 충진물이 후코이단이다. 그러나 알긴산은 약 알카리에서 추출되지만, 후코이단은 물이나 묽은 염산에 의하여 추출되는 점조성 물질이다. 후코이단은 뜸부기류나 다시마속과 미역속에 함유되어 있으나 그 함량은 종류, 시기, 수심에 따라 크게 다르다. 다시마의 경우 가을에서 초겨울까지 생산되는 것은 건물당 20%까지 함유되어 있으나 봄에 생산되는 것은 5%에 지나지 않는다. 그러나 최근에는 미역귀(미역의 밑부분에 있는 주름진 부분)에 이러한 후코이단의 함량이 특히 많이 함유되어 있다는 것이 알려져 미역귀에서 후코이단을 많이 추출하고 있다.

그러나 후코이단은 알긴산이나 라미나란처럼 함량의 변동이 심하지는 않으며, 조체내에서의 역할은 상처를 입었을 때 그곳으로부터 세균이 침입하지 않도록 보호하거나 간조시 공기중에 노출되어 건조하지 않도록 보호하는 작용이 있는 것으로 추정된다.

5) 라미나란((laminaran)

라미나란은 갈조류의 중요한 저장다당류로서 함유량은 밤과 낮, 성장 및 계절에 따라 다르며 생장이 왕성한 부분과 성숙기에는 함량이 높다. 또 라미나란은 광합성산물인 만니톨(mannitol)로부터 생합성된다는 사실이 밝혀졌다. 라미나란의 구조는 β-D-glucopyranose가 1,3 결합과 1,6 결합을 한 중합체의 가지를 이루는 사슬구조를 하고 있다. 그러나 화학적 결합은 갈조류의 종류에 따라 다르며 라미나란 분자의 반 이상은 만니톨을 함유하고 있다.

한편, 다시마속에는 냉수에 녹는 라미나란과 녹지 않는 라미나란이 들어 있으며, 이들은 주로 β-1,3 결합을 하고 있지만 β-1,6 결합인 부분도 약간 있다. 라미나란의 기능은 면역력증강과 생체조절기능을 담당하는 것으로 알려져 있다.

4. 무기질

해조류에는 인체가 영양상 필요로 하는 무기질의 거의 대부분을 함유하고 있다. 무기질은 생체내에서 효소기능의 활성화와 정상적인 대사조절, 체액의 적정산도 유지 및 세포내외액 간의 삼투압 평형유지 등에 관여하므로 무기질은 다른 영양소와 마찬가지로 생체기능을 정상화하는데 절대적으로 필요한 요소이다. 그 외에도 유기영양소의 체내 이용을 촉진시키고 그 자체의 고유기능도 중요하다.

해조류는 해수중의 무기질을 흡수, 축적하기 때문에 다양한 원소들을 함유한다. 해조류의 무기질함량은 일반적으로 건물당 10~35% 정도이며, 대개 겨울에서 초봄에 걸쳐 증가하고 봄에서 여름을 갈수록 감소한다. 무기질 중에서도 양적으로 중요한 것은 나트륨, 칼륨, 칼슘, 마그네슘 등이며, 조체내에서 나트륨과 칼륨은 주로 염화물이나 황산염으로 존재하면서 세포내의 생리기능에 관여한다. 칼슘은 주로 갈조류에 많고, 육상식물에 많은 마그네슘은 녹조류에 비교적 많다. 톳, 파래, 참김 등은 철 함량이 높으며, 다시마, 톳, 미역 등의 갈조류는 요오드 함량이 높다. 다시마와 미역에서 칼슘은 외층에 많아 알긴산처럼 구조다당류와 결합하고 있는데 비해서 칼륨, 나트륨, 마그네슘은 비교적 안쪽에 많은 듯하다.

1) 요오드(I)

요오드는 해조류 종류에 따라서 그 함량이 현저히 차이가 나며, 특히 해조류 중에서도 갈조류에 특히 많으며, 육상식물에 비해서도 비교할 수 없을 정도로 대단히 함량이 많다.

해조류는 육상식물에 비해서 요오드 함량이 특히 많은데 이는 해조류의 성장에 요오드가 필수적인 성분이며 다시마의 경우 포자형성에 중요한 역할을 한다고 한다. 요오드를 많이 함유하고 있는 갈조류는 기온이 높을 때나 해수의 염분이 묽어질 때는 간혹 요오드를 유리하는 이른바 요오드의 기화현상이 일어난다고 한다. 조체가 상처를 입거나 부패할 때에도 요오드가 유리하는데 이것이 일종의 자극취를 내어 갯내음을 나게 하는 하나의 요인이 된다. 요오드는 유기(organic state) 혹은 무기형태(inorganic state)로 해조류에 내재되어 있는데 다시마는 그 중에서 12~14%, 모자반은 38%가 사람이 흡수하기 쉬운 유기형태의 요오드로 존재한다고 한다.

2) 셀레늄(Se)

셀레늄은 글루타치온 과산화효소(glutathione peroxidase)의 구성 성분으로 위나 하수체에 많은데 이 효소는 과산화수소나 과산화물을 제거하는 항산화작용으로 조직세포의 산화를 막고, 유비퀴논의 합성을 통하여 생체산화를 조절한다. 비타민 E와 공통적인 작용이 많으며 상승효과가 있다고 한다. 또 특정한 암에 대한 발생을 억제하며, 수은 화합물의 독성발현 억제, 관절염, 백내장의 예방과 면역계의 항체생산을 높이는 작용을 한다.

인체에서 셀레늄 함유량의 절반 정도는 고환과 전립선이 접하는 수정관에 집중적으로 존재하여 남성의 경우는 사정에 의하여 소실될 우려가 있어 여성보다 많은 양의 셀레늄이 필요하다. 셀레늄의 결핍은 여성의 유방암과 대장암의 발생과 관련이 있다.

해조류 중에는 대개 $0.1\sim1.1\mu g/g$의 셀레늄이 들어있는데, 셀레늄은 단백질이 많은 품종에 많고, 건물량으로 보아 총질소량과 셀레늄 함량 간에는 1,043~1,310의 범위에서 거의 일정하기 때문에 조체내에서는 단백질과 결합해 있을 것으로 여겨진다.

제3장
우리가 먹고 있는 해조류는 어떤 것이 있는가?

제1절 녹조류

1. 매생이

가. 생태

매생이는 녹조류로 매생이과에 속하며, 학술명은 *Capsosiphon fulvescens*이고, 영명은 seaweed fulvescens이다. 크기는 15cm, 굵기는 2~5mm이며 형태는 가는 실모양의 형태를 뭉쳐놓은 것과 같은 것으로 굵기가 대체로 일정하다. 1년생 해조류로서 전 세계적으로 널리 분포하지만 우리나라에는 한 종만 보고되어 있으며 전 연안에서 서식하는 것으로 알려져 있다. 내만성 환경이 우세한 남해안이나 서해 남부해안에서 볼 수 있으며, 내만성 환경이라고 해서 매생이가 다 잘 자라는 것은 아니고 생육하는데 환경에 영향을 매우 많이 받아 성장 조건이 까다로운 해조류 중의 하나이다. 따라서 같은 남해바닷가라도 경남이나 부산과 같은 곳에서는 잘 관찰되지 않고 청정지역인 전남 완도나 강진 등지에서 주로 서식하며, 서식수심은 주로 조간대 상부의 바위 위 또는 김양식장의 발에 발생한다.

매생이는 일년에 여러 번 수확이 가능한 종류로, 사는 곳의 환경에 따라서도 약간씩의 차이를 보이며 갯벌에서 자라는 것들은 윤기가 있는 반면에 모래나 자갈밭에 자라는 것들은 결이 조금 거칠며 윤기도 적다고 한다.

나. 매생이에 얽힌 이야기

매생이는 전남 강진이나 완도 등지의 일부에서 양식되고 있지만 아직까지는 미역이나 다시마와 같이 대량으로 생산이 되고 있지 않으며, 2017년도에 약 7,000톤까지 생산량이 증대되다가 최근에는 기후변화 등으로 인해 생산량이 감소되고 있다. 생산량이 그다지 많지 않은 반면에 매생이의 수요는 매년 늘어나 생산단가가 우리나라에서 식용되는 해조류 중 가장 높은데, 매생이는 판매단가가 김보다 훨씬 비싼 해조류이다.

원래 매생이는 김을 양식하는데 같이 붙어서 자라기 때문에 김의 품질이 떨어지게 되어 제값을 못 받게 되기 때문에 김 생산업자의 입장에서는 귀찮은 존재가 되어 이것을 제거하기 위해 힘든 노동이 수반되어야 하는 어려움이 있다. 그러나 요즈음에는 매생이가 한 겨울철의 별미로 정착되면서 이를 먹으려는 마니아층들이 급속히 증가하면서 오히려 김보다도 훨씬 더 고가로 팔리게 됨에 따라 요즈음에는 효자상품으로 각광을 받아 본격적으로 양식생산을 하고 있다. 한편, 매생이는 김과는 달리 생것으로 덩어리씩 판매하는데 이것을 '제기'라고 부른다. 매생이의 뭉쳐진 덩어리 모양이 마치 이것이 옛날 어머니들이 쪽진 머리를 위해 머리카락을 잘 빗어넘긴 모양을 연상시킨다.

다른 한편으로는 매생이는 겨울철에 우리나라를 찾아오는 철새가 좋아하는 먹이감으로 되기도 하기 때문에 철새로부터 매생이를 보호하기 위해 어민들은 밤낮으로 바다 한가운데에 있는 양식장에서 숙식을 하며 생산을 하니 가격이 비싼 이유를 충분히 이해하고도 남을 일인 것이다.

매생이는 조선시대에 전라도지방에서 임금님의 진상품으로 올라갔다는 기록이 「조선왕조실록」, 「세종실록지리지」나 「동국여지승람」과 같은 자료에도 매생이에 대한 자료가 상세히 나오며 그 외의 자료에도 간혹 실려있다. 특히 1816년도에 정약전이 전남 흑산도에서 유배 중에 지은 『자산어보』에 보면 그 내용이 아래와 같이 자세히 나와 있는데 이것으로 매생이 어원의 유래를 유추할 수 있는 것이다.

『자산어보』에서는 매생이를 매산태(毎山苔)로 표현하고 있는데, 그 내용을 살펴보면 매생이는 "누에실보다 가늘고, 소털보다 촘촘하며 크기가 수 척(크기의 단위, 요즈음의 단위로 환산하면 대략 30cm 정도에 해당됨)에 이르며, 빛깔은 검푸르고 국을 끓이면 연하면서 부드러워 서로 엉키며 풀어지지 않고 맛은 매우 달고 향기로우며, 발생하는 시기는 홑파래보다 조금 빠르고, 서식하는 수층은 김보다 위에 있다"라고 하였는데, 특유의 향기와 맛을 지녀 선조들은 오래전부터 식용으로 애용하였으며, 「세종실록지리지」에서는 '매산이(毎山伊)'로 표현하고 있다.

다. 영양적특징과 먹는 방법

매생이의 식품성분 조성을 살펴보면, 건조된 매생이의 단백질은 20.6%, 지질은 0.5%, 탄수화물은 40.6%, 회분은 22.7%로 구성되어 있다. 무기질 중에는 어린이의 발육을 위한 골격형성, 골다공증 예방에 효과가 있는 칼슘과 어린이의 발육 및 조혈기능을 갖는 철의 함량은 각각 574.0mg, 43.1mg으로 성인 남성의 일일 섭취 권장량인

600mg(칼슘) 및 10mg(철)과 비교해 볼 때 칼슘의 경우는 일일섭취권장량의 수준이고, 철의 경우는 오히려 초과하는 수준으로 많이 함유된 식품이다. 그러므로 매생이를 빈혈예방과 골다공증에 도움을 주는 식품으로 알려지게 되었으며, 또한 비타민 함량도 높기 때문에 매생이는 무기질의 보급원이면서 비타민의 보급으로 기대되는 우수한 수산식품의 하나로 여겨진다.

매생이의 단백질을 구성하고 있는 아미노산 중에는 단맛을 내는 글루탐산과 아스파탐산이 특히 많아 단맛을 띠고 있고, 한편으로 매생이가 가지고 있는 여러 가지 생리활성을 조사한 결과, 콜레스테롤 저하, 면역활성 증대, 간 보호활성 및 충치균에 대한 항균력이 높은 것으로 확인되었으며, 그 외에 삶에 활력을 주며 각종 질병을 예방하고 치유하는 힐링푸드로 점차 새롭게 인식되어 가고 있다.

매생이는 겨울철 해장국으로 인기가 많은 메뉴로 전남지방에서는 굴만 넣고 끓이는 것으로도 입안에서 부드럽게 넘어가는 촉감과 파래 특유의 향기가 고소하면서도 약간 단맛이 느껴지기 때문에 애주가들이 술을 먹고 난 다음날에 먹으면 숙취해독에 그만한 것이 없다고 한다. 실제로 매생이국을 끓일 때 굴을 함께 넣는데 굴에는 피로회복에 도움을 주는 타우린이 많이 들어 있다.

그러나 매생이국은 다른 음식과 달리 뜨거워도 김이 많이 나지 않는데 이러한 이유는 국을 끓이면서 머리털같은 매생이가 풀어져 뜨거운 김이 생기지 않아 뜨거운 줄 모르고 덥석 삼켰다간 입천장이 데여 벗겨지기 십상이기 때문에 붙여진 것으로, 남해안지방에서는 "미운 사위에 매생이국 준다"는 속담이 전해지고 있는 것이다.

옛날부터 전남지방에서는 전통적으로 해장국의 재료나 떡을 만들 때 부재료로 넣어 먹는데 파래보다는 단맛이 더 있고 맛이 좋다고 한다.

매생이는 일반 다른 해조류와 달리 생것을 그대로 냉동저장해서 해동하여도 조체의 육질이 물러지지 않아 가격이 쌀 때 조금씩 저장해 두고 먹어도 좋은 식품이다. 매생이를 고르는 방법으로는 가늘고 선명한 녹색을 띠고 윤기가 나는 것이 좋으며 붉은색이나 누른색을 띠는 것이 섞여 있으면 품질이 떨어지는 것으로 가급적 피하는 것이 좋다.

최근에는 매생이를 이용한 가공식품으로 두부, 쌀국수나 케이크 등의 개발이 되고 있는데 다른 해조류와 달리 가공적성이 뛰어나고 향미가 우수해 어떠한 식품과도 조합이 잘 이루어질 수 있는 식재료임에 틀림없다. 매생이는 해조류 소비의 대표적인 국가인 일본뿐만 아니라 중국 등의 전 세계 어느 국가에서도 매생이를 식용한다는 자료를 찾기가 매우 힘들다. 이러한 사실로 볼 때 앞으로 매생이를 이용하여 우리나라 고유의 독특한 식품이나 대표적인 수산식품의 하나로 만들어 세계화시켜 K-푸드로 만드는 것도 좋은 방법이 될 수 있을 것이다.

2. 청각

가. 생태

청각은 녹조류로 청각과에 속하며, 학술명은 *Codium fragile*이고, 영명은 sea staghorn이다. 크기는 10~30cm이며, 굵기는 1.5~3mm 이고, 형태는 손가락 모양이며 두 갈래로 갈라져 마치 사슴뿔과 같은 가지를 가지고 있다. 하부와 가지의 굵기는 거의 동일하며, 모양은 부채꼴이고, 색깔은 흑록색으로 육질은 해면질로 즙액이 풍부하다. 서식 수심은 저조선 부근의 암석, 조개껍질 등에 부착하거나 파도의 영향을 적게 받는 곳에서 잘 자라며, 우리나라 전 연안에 분포한다. 대부분의 해조류는 여름철에는 녹아 형태를 찾을 수가 없는 경우가 많은데, 청각은 열대성 해조류로 하절기에 오히려 성장이 왕성한 것이 특징이다. 여름철에 수확하여 그대로 유통판매하거나 볕이 잘 들고 통풍이 잘 되는 곳에서 말려 가을김장철에 집중적으로 판매하고 있다.

나. 청각에 얽힌 이야기

청각을 영어로 바다사슴뿔 즉, sea staghorn이라고 하였는데, 중국 고서나 『자산어보』에서도 청각(靑角)을 풀어보면 '푸를 청', '뿔 각'을 뜻하는 것으로 '푸른 사슴뿔'이라는 뜻인 것이다. 이것은 사물의 겉모습을 보고 이와 유사한 사물의 이름을 붙인다는 점에서 동양이나 서양이 서로 비슷한 것 같다. 실제로도 청각의 모양은 마치 사슴뿔과 매우 닮았다.

『자산어보』에서는 청각을 청각채(靑角菜)라고 표현하는데, "뿌리와 줄기, 가지가 모두 토의초(土衣草, 톳)를 닮았으나 둥글고, 감촉은 매끄러우며, 빛깔은 검푸르고 맛은 담담하여 김치맛을 돋운다고 하였고, 5~6월에 나서 8~9월에 다 자란다"라고 하였다.

청각은 그 생김새 때문에 중국에서는 칭자오(靑角, 청각)나 루자이차이(鹿角菜, 녹각채), 루자이(鹿角, 녹각)로 불리고, 일본에서는 바다 속에 사는 소나무라는 뜻으로 미루(해송, 海松)라고 부른다. 신농본초경집주(神農本草徑集注)에서는 수송(水松)이라 불렸으며, 자해송(刺海松), 자송조(刺松藻)라는 다른 이름으로도 불리기도 하였다.

한의서인 「본초강목」에서는 청각의 성미는 "맛이 달고 짜며 성질은 찬 것으로 표현하고 있으며, 계독을 다스리고, 주로 수종을 치료하며, 분만을 촉진하는 것으로 되어 있다"라고 하고 있고, 오래전부터 중국에서는 민간요법으로 구충제 및 회충약으로 사용되어 왔으며, 한방에서는 청각이 식중독을 푸는데 효험이 있다고 한다.

허준의 『동의보감』에서는 "성질이 차고 독이 없으며, 열기를 내리고 어린이의 골증(骨蒸, 뼈가 아픈 증상)을 치료하며 메밀독을 푼다"고 적혀 있고, 또 「식성본초(食性本草)」라는 한방서에는 "열과 풍을 내리게 하는 묘약으로 되어 있으며, 어린이의 골증을 다스리고 담이나 신장 등에 결석이 있는 사람에게 그 돌을 내리게 한다"고 적혀 있다.

다. 영양적특징과 먹는 방법

건조된 청각의 단백질은 13.8%, 탄수화물은 52.8%, 회분은 22.6%로 구성되어 있다. 청각에는 뼈를 튼튼하게 하는 칼슘과 배변을 좋게 하는 식이섬유도 많이 들이 있으며, 비타민 A와 C도 풍부하게 들어있다. 또 항균성 물질도 있어 옛날부터 민간에서는 구충제로 이용하기도 하였다.

실제로, 청각에 들어있는 acrylic acid는 강한 항균과 항곰팡이 활성을 가지고 있고, 청각에 들어있는 linalool과 geraniol은 향수를 만들 때 첨가되는 성분중의 하나이다. 또 소변장애와 기생충(회충)에 의한 병에 효과가 있다고 하며, 최근에는 청각에서 추출한 당단백질이 항암효과 및 항생작용이 있은 것으로 알려지고 있다.

중국 광동지역에서는 청량음료의 재료로 이용하고 있으며, 중국 경제해조지에는 일본사람들은 회충구제제로 쓴다고 기록되어 있고 실험결과에 의하면 구충약효가 아주 높아서 해인초의 구충효과의 3배에 달한다고 기재되어 있다고 한다. 한국과 중국 외에도 필리핀, 하와이 및 아프리카 등지에서도 식용으로 널리 이용되고 있다고 하는데 특히 태평양 섬나라에서는 생선탕을 끓일 때 같이 넣어 먹는다고 한다. 그러나 일본에서는 그다지 즐겨먹는 해조류는 아닌 것으로 알려져 있다.

청각은 씹었을 때 독특한 향내가 물씬 풍길 뿐 아니라 그 씹히는 맛도 일품이어서, 바닷가에 고향을 둔 사람들은 나물처럼 초를 쳐서 무쳐 먹을 때 오돌오돌 씹히는 청각의 맛을 고향을 떠난 뒤에도 잊지 못한다고 한다. 또 청각은 말리면 물기가 빠지면서 시들지만 다시 물에 담갔다가 초를 치면 금세 생생하게 살아나는 것을 빗대어 남성들의 정력식품으로 알려지기도 하였다.

우리나라에서 청각을 먹는 방법으로는 살짝 데쳐서 나물로 무쳐 먹거나 된장무침이나 초무침 또는 청각만으로 김치를 담그기도 한다. 그러나 대부분은 김장김치를 담글 때에 조금씩 넣는데 이것은 청각의 독특한 향미가 김치에 넣는 젓갈이나 생선으로 인한 비린내를 완전히 가시게 하고, 맛이 강해서 질리거나 마늘 냄새로 역겨운 것도 중화시키며 김치의 맛을 고상하게 하고 뒷맛을 시원하게 하는 역할을 한다고 한다.

3. 파래류

파래에는 여러 가지 종류가 있는데, 그 중에서 대표적인 것으로는 가시파래, 참갈파래, 구멍갈파래, 격자파래, 납작파래, 잎파래, 창자파래, 참홑파래 등이 있어 이들 파래의 각각에 대해서 그 내용을 간략히 살펴보면 다음과 같다.

1) 가시파래

가. 생태

가시파래는 녹조류로 갈파래과에 속하며, 학술명은 *Enteromorpha prolifera*이고, 영명으로는 green laver라 한다. 가시파래는 성장함에 따라 모양이나 크기가 많이 변하는데 긴 것은 몇 미터까지 자라며, 몸 전체는 원통상이고 많은 가지가 있으며, 가지에는 다시 잔가지가 있어 마치 가시처럼 보인다고 해서 가시파래라고 한다.

가시파래는 우리나라 전 연안에 분포하며 깨끗한 담수가 유입되는 오염이 되지 않는 하구나 하천 입구에서 주로 서식한다. 바닷물이 빠지는 간조시에는 오래 노출되지 않고 담수유입의 영향이 많은 조용한 곳에 특히 많이 나며, 간혹 서해나 남해안 해안의 갯벌지역이나 자갈 등의 암반이 섞여 있는 장소에 가면 마치 해변가에 파란색의 잔디를 깔아 놓은 듯한 장관을 볼 수가 있는데 이것은 가시파래가 자연적으로 서식하는 것이다.

나. 가시파래에 얽힌 이야기

『자산어보』에서는 가시파래를 나타내는 표현으로 2가지가 있다. 하나는 감태(甘苔)라고 표현하였는데 "감태의 모양은 매생이와 닮았으나 약간 크고 크기가 수 미터 정도 되며 맛이 달고 초겨울에 나기 시작하여 짠 흙탕물에서 자란다"라고 하였다. 또 하나는 상사태(常思苔)로 "잎의 크기가 한 자(약 30cm)가 넘고, 줄기는 부추잎과 같고 엷기는 대나무와 같으며 겉모양이 아름답고 윤기가 있다 하였고, 빛깔은 짙은 푸른색이며 맛은 달아 태(苔, 김류) 종류 중에서 가장 낫다고 하였다. 음력 1~2월에 나기 시작하여 음력 4월에 사라지기 시작하며, 발생하는 수심층은 보리파래보다 높다"라고 되어있다. 이것도 가시파래 또는 납작파래를 가리키는 것이 아닌가 추정된다.

전남지역에서는 가시파래를 감태라고 부르고 있으며, 인터넷에서 감태라고 치면 대부분이 가시파래를 가리키고 있다. 이렇게 가시파래를 감태라고 부르는 이유에 대해서 추정해 보면 『자산어보』에서 가시파래를 감태라고 표현한 것으로 유래를 알 수 있으며, 또 다른 이유로는 가시파래를 먹어보면 단맛이 나고 겉모습이 김과 비슷했기 때문이 아닐까 생각된다.

여기서 감태라는 이름에 대해서 혼동하면 안 될 것으로 제주도에서 많이 나는 다시마과에 속하는 갈조류의 한 종류인 감태와 이름이 혼용하는 것인데 이 해조류는 가시파래와는 전혀 다른 종류로 분명히 구분될 필요가 있다.

한방에서는 가시파래를 '육지허태'로, 제주도에서는 '멘생이'라고도 부르며, 엽체가 부드러워 식용으로 이용된다고 되어 있다. 또 한약재로의 용도로는 항콜레스테롤, 아구창, 진통제, 염증, 기침, 편도선염, 코피, 기관지염, 해열제, 임파선염, 갑상선종, 천식, 일사병치료 등에 이용된다고 한다. 중국에서도 약재나 향신료로써 사용되며, 필리핀 등지에서도 식용으로 사용된다.

참고로 시중에는 파래김이라고 불리고 있는 김이 시판되고 있는데 이것은 대략 김이 80%, 가시파래가 20% 정도로 섞어서 만든 김을 말한 것이고, 간혹 100%를 가시파래로 만든 파래김도 시판되고 있는데 이것은 쓴맛이 강해 일반 김처럼 구워 먹지는 잘 않고 무침 재료로 많이 쓰인다고 한다.

다. 영양적특징과 먹는 방법

가시파래의 식품성분의 조성을 살펴보면 건조물로 볼 때 단백질은 20.0%, 지방은 0.7%, 탄수화물은 42.2%, 회분은 20.0%로 구성되어 있다. 특히 단백질을 구성하고 있는 구성아미노산 중에서 단맛을 나타내는 아르기닌과 글루탐산의 함량이 특히 높은데 이러한 아미노산은 단맛에 관여하는 것으로 이것으로 추정해 볼 때 옛날 사람들이 왜 가시파래를 감태라고 불렀는지를 과학적으로 뒷받침해주는 자료이다.

가시파래에는 칼슘(Ca)이 646mg으로 성인 1일 섭취 권장량을 정도가 들어있고, 인(P)도 274mg으로 상당히 높은 함량을 함유하고 있으며, 또한 비타민 A의 함량은 1,150IU로 월등히 높아 인체의 영양적 균형을 유지하는데 좋다.

한편, 가시파래에서의 생리활성을 조사한 결과, 다양한 생리활성을 나타내는 지방산류와 항산화 다당류가 있고, 항염증 및 항암활성도 나타내는 성분도 있는 것으로 알려져 있다.

가시파래는 엽체가 부드럽고, 특유의 향기가 있어 고급식품으로 사용되며, 생으로 먹을 경우 그대로 양념을 해서 무쳐 먹거나 말려서 먹기도 한다. 겨울철에 특히 맛이 좋은 가시파래는 씹히는 촉감이 좋고 상큼한 향기와 맛이 독특하여 생채, 국, 무침 등 다양한 요리에 사용된다. 추운 겨울철에 많이 먹는 해조류로는 가시파래와 같은 파래류와 매생이, 김 등이 있고, 봄철에 먹는 해조류로는 갈조류인 미역, 다시마, 모자반, 톳 등이 있다.

전남 진도지방에서는 말린 가시파래 위에 전복과 삼겹살에 싸서 먹는 삼합이 일품이라고 하며, 우리나라에서는 주로 무침의 형태로 주로 이용되는데 봄철 입맛이 없을 때 먹으면 제격이라 한다. 일본에서는 가시파래가 고급식재료로 사용되기 때문에 양식생산을 하고 있고 주로 분말로 제조하여 밥에 뿌려 먹거나 과자 등을 만드는데 첨가하여 사용하고 있다. 간혹, 설날때에 일본식 전병(센베이)을 사면 윗 부분에 파란 가루가 붙어 있는 것을 볼 수가 있는데 이것이 바로 가시파래를 뿌려 놓은 것으로서 전병의 향미를 보강하기 위한 것이다.

가시파래는 식용 또는 약용으로 이용되고, 단맛이 나는 파래김이라고 해서 전남 일부 지방에서는 감태라고도 부르기도 한다. 가시파래는 매생이와 겉모습이 비슷하여 구별할 수도 있는데, 가시파래는 엽체에 잔가지가 있어서 손으로 만지면 속이 비어 손가락으로 자르면 부러지는 반면, 매생이는 촉감이 부드럽고 잎의 폭이 가늘어 잘 부러지지 않는다.

가시파래는 아직까지 완전한 양식생산이 되지 않기 때문에 어민들은 이것을 직접 손으로 채취하여 마른김과 같이 사각형 모양으로 건조하거나 줄에 걸어 말린 것도 있고 또 건조된 가시파래를 갈아서 분말형태로 해서 시판하고 있다. 마른 가시파래는 김과 같이 촘촘하게 되어 있지 않아 그대로는 잘 먹지 않고 주로 구워 먹거나 나물반찬으로 해서 먹는다.

  참고로 가시파래를 고르는 법으로는 생 가시파래의 경우 진한 녹색을 띠고 만져 보았을 때 미끌거리지 않는 것이 좋고, 마른 가시파래의 경우에는 눅눅하지 않으면서 이물질의 혼입이 적은 것이 좋으며, 만약 누렇게 변색되어 있는 부분이 있다면 건조가 잘못되었거나 오래 보관하면서 변질이 되었을 가능성이 높기 때문에 가급적 구입하지 않는 것이 좋다.

2) 참갈파래

가. 생태

  참갈파래(갈파래라고도 불림)는 녹조류로 갈파래과에 속하며, 학술명은 *Ulva lactuca*이고, 영명은 sea lettuce이다. 형태적으로 볼 때 밑부분은 좁고 약간 꼬였으나 위로 갈수록 넓게 펼쳐지고 단추모양의 부착기에서 여러 개가 난다, 크기는 15~30cm이고, 폭은 5~10cm이며, 색깔은 짙은 녹색이다. 잎파래나 구멍갈파래와 비슷하게 생겨 혼동될 수 있으나 잎파래는 부착부 부근의 관이 비어있는 형태이지만, 갈파래는 편평하다. 또 참갈파래와 구멍갈파래는 체형과 두께로서 확실히 구별가능하다. 서식수심은 주로 담수가 섞이는 기수지역이나 연안에서 잘 자라고, 내만이나 조간대 중부와 하부 일대의 암반에서 주로 생기며, 겨울부터 여름까지 걸쳐 생육한다.

나. 참갈파래에 얽힌 이야기

『자산어보』에서는 참갈파래를 해추태(海秋苔)로 표현하고 있는데 "잎의 크기가 상추같고 가장자리엔 주름이 잡혀있다. 맛은 싱겁고 씹으면 부풀어서 잎에 가득찬다. 5~6월에 번식하기 시작하여 가을경인 8~9월에 줄어들기 때문에 추태(秋苔)라는 이름이 붙었다"고 한다. 다시 말하면 참갈파래는 여름철이나 가을에도 바닷가에서 볼 수 있는 종류라는 것이다.

서양에서는 갈파래를 바다상추(sea lettuce)라고 표현하며 생김새가 마치 상추를 연상시키기 때문이기도 하지만 학술명에서 보면 lactuca의 뜻이 상추, 영어로는 lettuce를 의미하고, 우리나라에서도 마찬가지로 참갈파래를 상추와 같다고 표현하고 있으며, 스코틀랜드에서는 샐러드나 스프로 하여 먹는다고 한다.

한방에서는 약용으로 사용하고, 짠맛과 단맛이 나며 성질은 차다고 하며, 「본초합유」에서는 "맛이 달며 성질은 평범하고 독이 없고, 수기(水氣)를 내리고 소변이 잘 나오게 하여 부기를 빠지게 한다"고 하였는데, 주로 달인 즙으로 복용하고 귀와 질염을 치료하는데 사용하였다. 한방에서는 참갈파래를 석순(石蒓) 또는 채석순(菜石蒓)이라고 한다.

다. 영양적특징과 먹는 방법

참갈파래의 주요성분 조성을 살펴보면, 건조파래 100g에 대해 단백질은 23.1%, 지방은 0.5%, 탄수화물은 40.1%, 회분은 19.2%로 구성되어 있어, 단백질 함량이 높고, 가용성 식이섬유와 비타민 및 미네랄

이 풍부하다. 특히 단백질 중에는 맛에 관련되는 아스파탐산과 글루탐산과 같은 아미노산이 많이 함유되어 있다. 강한 알카리성 식품으로 요오드와 비타민 U가 많이 들어 있는데, 칼슘함량이 1,015mg으로 칼슘의 왕이라는 멸치에 버금가는 우수한 식품이다.

한편, 참갈파래에서 항돌연변이 및 항암물질이 추출되었고, 혈액응고작용과 항바이러스 활성을 갖는 다당류가 존재하는 것이 확인되었다는 보고가 있다.

참갈파래는 우리나라에서는 주로 무침의 형태로 이용되나 국, 조림, 튀각의 재료로도 쓰이고 있으며, 일부는 건조제품의 형태로도 가공되고 있다. 아시아국가에서는 참갈파래를 식용이나 약재로 사용되어 왔으며, 특히 베트남과 인도네시아에서 식용으로도 이용한다고 한다. 일본에서는 밥이나 빵 등을 만들 때 뿌려먹는 재료로 많이 사용되고 있다고 하나 그다지 많이 식용하지는 않는 것 같다. 그 이유로는 갈파래과는 가시파래에 비해서 품질이 좋지 않다고 하는데, 이것은 참갈파래의 경우 세포층은 2겹층으로 되어 있어 입에 넣었을 때의 식감이나 식미가 양호하지 않으며, 향이 적고 식감이 가시파래에 비해 다소 떨어지며 쓴맛이 있기 때문이라는 것이다. 한편, 중국의 해안가 지방에서는 참갈파래를 신선한 생물상태로 하여 주로 먹거나 냉차의 재료로서 사용하기도 한다고 알려져 있다.

3) 구멍갈파래

가. 생태

구멍갈파래는 녹조류로 갈파래과에 속하며, 학술명은 *Ulva pertusa* 이고, 영명은 sea lettuce이며, 밑부분은 물결모양으로 꾸불꾸불하게 휘었지만 위로 갈수록 넓게 펼쳐지고 가장자리는 매끈하다. 몸은 단독 또는 2~3개가 뭉쳐서 나고, 크기는 10~30cm 또는 그 이상의 크기도 있다. 줄기가 거의 없고 몸의 하부는 매우 두꺼우며, 잎은 약간 단단하고 가장자리는 엷은 막의 형태이다. 모양은 불규칙하여 일정치 않고 큰 주름살이 약간 있으며, 잎면에는 크고 작은 불규칙한 구멍이 있고 이 구멍은 서로 연결되기도 하는데, 구멍갈파래라고 하는 이름의 유래가 잎면에 구멍이 많이 뚫려 있다고 해서 붙여진 이름이 아닐까 추정된다. 색깔은 성숙하면 가장자리가 황색을 띠게 되는데 이곳에서 생식세포가 형성된다. 서식수심은 조간대 하부에 큰 군락을 잘 이루는데 담수가 유입되는 지역에도 많이 발생하며 겨울에서 늦봄까지 생육하고, 여름에는 쇠퇴하여 저조선 밑에 주로 남아 연중 생육하며, 우리나라 전 연안에 분포한다.

나. 구멍갈파래에 얽힌 이야기

한방에서는 구멍갈파래를 공석순(孔石蓴)이라는 이름으로 한약재로 사용하는데, 효능은 참갈파래와 유사하며 "수기를 내리고 소변을 잘 나오게 한다"고 하며, 주로 달인 즙을 복용하고 귀와 질을 치료하는데 사용한다.

다. 영양적특징과 먹는 방법

구멍갈파래는 참갈파래와 마찬가지로 단백질함량이 특히 높고, 식이섬유 함량도 높으며, 그 외에 칼슘과 인의 함량도 많다고 한다. 또한, 생리효능으로는 비뇨계 질병, 해열, 갑상선종, 임파염, 상처치료, 고혈압, 화상치료, 항미생물 및 혈액응고작용이 있는 것으로 알려져 있다.

우리나라에서는 어릴 때 나물 등과 같이 식용으로 하기도 하며, 일본에서는 즐겨먹는 해조류 중의 하나이고, 주로 말려서 무침형태로 먹거나 분말로 만들어 과자나 요리 등을 할 때 뿌려 먹고 있으며, 필리핀과 베트남에서는 약재로 활용되기도 한다.

4) 격자파래

가. 생태

격자파래는 녹조류로 갈파래과에 속하며, 학술명은 *Enteromopha clathrata*이다. 색택은 밝은 녹색 혹은 암록색이고 가시파래보다 가늘고 긴 실모양의 원통형으로, 크기는 40cm에 달한다. 긴 잔가지가 많으며 일반적으로 2~3개의 갈라진 가지가 있으며 털모양으로 갈라져 있거나 비교적 넓게 갈라져 있기도 하다. 조간대 중부 및 근해의 진흙 바닥에 많이 서식하며 조간대의 저지대와 뻘 가운데서 더욱 무성하게 자란다. 현재 일부지역에서 양식을 시도하고는 있으나 생산량이 불안정하며 산업화가 매우 어렵다고 한다.

나. 격자파래에 얽힌 이야기

한의학에서 격자파래는 맛이 짜고 성질은 약간 차며 독이 조금 있다고 기록되어 있으며, 달여서 복용하면 가래를 삭이는 효능이 있고 목덜미에 생긴 종양이나 치질을 치료하고 장을 세척하며, 곽란으로 구토가 멎지 않을 때에 달인 즙을 복용하면 효과가 있다고 한다(본초휘언). 또 흉복부가 답답한 경우에는 건태를 찬물을 부어가며 진흙처럼 갈아서 마시며 코피가 있을 경우 이것을 태운 가루를 코에 불어 넣으면 멎는다고 하고, 상처가 있을 때는 더운 물에 격자파래를 담근 다음 찧어 손등이 붓고 아픈 곳에 바른다고 하였다(본초강목). 부작용으로는 건태를 많이 먹으면 부스럼과 옴이 생기고 안색이 핏기가 없고 혈색이 나빠진다고 하였다.

다. 영양적특징과 먹는 방법

격자파래는 전남 완도, 고금도에서 가시파래와 마찬가지로 감태라고도 혼용하여 부르고 있으며 간조때 채집한 다음 민물에 세척하여 염분과 불순물을 제거한 후 말려 두었다가 보릿고개 시절 곡식과 함께 떡을 해 먹으며 어려운 시절을 넘겼던 구황식물이다. 생것은 전이나 김치 등으로 만들어 먹었으며 이외에도 전남지방의 해안가에서는 다양한 형태의 식품재료로도 이용된다. 그러나 일반인들은 이러한 격자파래를 쉽게 구할 수가 없어 이용하기에는 한계가 있는 것이 단점이라고 할 수 있다.

5) 납작파래

가. 생태

납작파래는 녹조류로 갈파래과에 속하며, 학술명은 *Enteromorpha compressa*이다. 형태적으로 보면 얇은 막으로 된 대롱모양이고 위로 갈수록 조금씩 넓어지며 납작하게 눌러지거나 잘록하고, 크기는 40cm에 달한다. 서식수심은 외해의 영향이 있는 바위, 돌, 말뚝 등에 착생, 시기가 이른 김발에도 잘 붙고, 우리나라 전 연안에 분포한다.

나. 납작파래에 얽힌 이야기

『자산어보』에서는 납작파래를 상사태(常思苔)라고 표현하고 있는데, "잎의 크기가 30cm 정도가 넘으며, 줄기는 부추 잎과 같고, 엷기는 댓속 같으며 겉모양이 아름답고 윤기가 있다. 빛깔은 짙은 푸른색이며 맛은 달아 태(김 또는 파래) 종류 중에서 제일이라고 한다. 음력 1~2

월에 나기 시작하여 4월에 사라지기 시작하며, 발생하는 수층은 보리 56, 파래보다 상층이다"라고 하고 있다.

한편, 납작파래는 '편허태'로 부르기도 한다.

다. 영양적특징과 먹는 방법

납작파래의 성분 중 단백질이 건조제품 100g에 대해 38.4g을 차지해 참김에 버금가는 함량을 나타내었고, 단백질 중에는 단맛에 관련되는 아스파탐산, 글루탐산, 글리신 등의 함량이 높으며, 함황아미노산인 페닐알라닌과 티로신의 함량이 특히 높다. 또 성인병 및 고혈압예방에 효과가 있는 것으로 알려진 아미노산의 일종인 타우린도 163mg이나 함유되어 있으며, 식이섬유도 다량 함유되어 있고, 생리효능으로는 콜레스테롤 저감작용이 알려져 있다.

먹는 방법으로는 주로 생것을 나물형태로 무쳐서 먹거나 건조시켜서 나물, 국, 샐러드 등으로 이용하는데 독특한 향이 있어 맛을 내는 데 사용하면 매우 좋다.

중국에서는 납작파래를 말려서 계란요리 재료로 사용하고, 인도에서는 병아리콩 가루로 만든 Pakoda라고 하는 일종의 야채튀김과 같은 형태로 만들 때 사용되는 요리재료이다. 필리핀에서도 식재료로 사용되고 있고, 특히 인도네시아에서도 식재료 뿐만 아니라 약재료로도 쓴다고 하며, 아일랜드에서는 계란요리에 사용된다고 한다.

6) 잎파래

가. 생태

잎파래는 녹조류로 갈파래과에 속하며, 학술명은 *Enteromorpha linza*이고, 영명은 green laver이다. 형태적으로 보면 밑부분은 얇은 막으로 된 대롱모양인데 위로 갈수록 차츰 넓어지면서 납작하게 눌려져 종이처럼 넓게 펼쳐진다. 몸체는 여러 개가 모여서 나며 길고 편평한 형태를 이룬다. 밑부분은 매우 가늘고 가장자리나 표면에 주름이 있거나 평탄하고, 크기는 10~20cm, 넓이는 0.5~10cm 정도이며, 어린 것은 실모양으로 가운데가 비어 있다. 색깔은 선명한 녹색이고, 11월부터 성장하기 시작하여 다음 해 5~6월경까지 번성하며, 우리나라의 전국 연안에 분포한다.

나. 잎파래에 얽힌 이야기

『자산어보』에서는 잎파래를 저태(菹苔)라고 하였는데 "모양은 보리파래와 비슷하고, 초겨울에 나기 시작하여 조수가 밀려가도 메마르지 않는 땅의 돌틈에서 번식한다. 이것이 다른 것과의 차이점이다"라고 하였다. 여기서 '저태'라는 말에서 '저(菹)'의 뜻은 '절인다'라는 의미로 현재의 김치와 유사한 개념으로 그 당시에도 잎파래를 김치와 같이 절이거나 발효시켜서 먹었다는 사실을 알려주고 있다.

다. 영양적특징과 먹는 방법

잎파래의 성분 중 단백질이 건조제품 100g에 대해 10.9g을 차지하고 있고, 단백질 중에는 단맛에 관련되는 아스파탐산, 글루탐산, 글리신 등의 함량이 높다.

우리나라의 경우 해안가에 사는 사람들은 잎파래를 주로 물김치로 해먹거나 말려서 국으로 해서 먹기도 하며, 제주도에서는 파래국으로 해 먹거나 파래를 잘게 썰어서 파래밥 또는 밀가루나 보리가루를 섞어서 밥을 지어 먹기도 하였다고 한다.

중국에서는 파래류중에서 잎파래를 가장 좋아하는데 엽체가 매우 부드러워서 즐겨먹는 종류이다. 주로 고기나 물고기를 함께 넣어 스프로 해서 먹는데 이것은 잎파래가 해안가에 널리 분포하고 있기 때문이며 옛날부터 중국의 남부해안가 사람들은 이것을 건조시켜 분말로 만들어 저장하여 중국 전통빵 위에 뿌려서 먹어 왔다고 한다. 한편, 일본에서는 초무침, 된장지 또는 장국 등으로 해서 먹는다고 한다.

7) 창자파래

가. 생태

창자파래는 녹조류로 갈파래과에 속하며, 학술명은 *Enteromopha intestinalis*이고, 영명은 Gutweed 또는 Grass kelp이라고 불린다. 형태적으로 보면 얇은 막으로 된 대롱모양이고 위로 갈수록 조금씩 넓어지며 표면이 울퉁불퉁하고 뒤틀리며 외가닥으로 가지가 없다. 크기는 수 cm에서 수 m에 이르고 직경은 1~5cm이며, 원주상 또는 상부는 확대되어 다소 부풀어지고 때에 따라서는 쪼글쪼글하거나 꼬여져서 불규칙하게 잘록해지기도 하는데 모양은 마치 창자모양이다. 색깔은 녹색이고, 서식수심은 외해의 영향이 많은 해안의 바위 위에 생기며, 분포지역은 우리나라 전 연안에 분포한다.

나. 창자파래에 얽힌 이야기

창자파래라는 이름은 동물의 창자모양과 비슷하다고 해서 그렇게 이름 붙여진 것으로 추정되는데 학술명에서도 알 수 있듯이 속명에 포함된 intestine의 뜻이 창자라는 것으로 실제로 보아도 창자와 비슷하다. 그래서인지 과거의 자료에도 창자파래를 "장허태"라고 부르기도 했다고 한다.

다. 영양적특징과 먹는 방법

창자파래에서 식이섬유 함량이 높고, 무기질 중 칼슘이 866mg, 인이 275mg으로 함량이 높으며, 특히 비타민 A가 9,580AU이고 비타민 B_2는 1.82mg으로 다른 해조류에 비해서 그 함량이 월등히 높아 비타민의 보고라고 할 수 있다. 주로 프로비타민 A, 다당류, 단백질, 지질, 미네랄 등을 많이 함유하고 있으며 팔미트산과 같은 지방산과 히스티딘, 라이신, 메티오닌, 아스파라긴, 타우린 등의 유리아미노산을 소량 함유하고 있다.

　창자파래는 씹히는 촉감과 맛이 좋고 상큼한 향기가 나 우리나라에서는 주로 무침이나 국과 같은 형태로 주로 먹으며, 그 외에는 건조하여 분말로 하거나 튀각을 해서 요리하기도 한다.

　일본에서는 초절임이나 된장국에 넣어 먹으며, 중국의 경우 산동지방의 해안가 사람들은 창자파래를 수확해서 옥수수 빵에 넣기도 하고, 고기와 함께 끓이거나 빵에 넣어 구워먹거나 야채스프 형태로 해서 먹기도 한다.

8) 참홑파래

가. 생태

　참홑파래는 녹조류로 홑파래과에 속하며, 학술명은 *Monostroma nitidum*이고, 영명은 Green laver이며, 부채모양으로 펼치면 광택이 난다. 크기는 2~3cm이고, 때로는 20cm 이상이며, 색깔은 선명한 녹색으로 겨울에서 봄까지 성장하며 성숙한 엽체는 황갈색 또는 황색으로 변한다. 추위에는 매우 약하여 햇볕을 잘 받는 곳에서 잘 자라고, 파도가 조용한 곳의 조간대 상부에서 군락을 이루며, 울릉도에서부터 완도지역에까지 걸쳐서 분포한다.

나. 참홑파래에 얽힌 이야기

『자산어보』에서는 참홑파래를 갱태(羹苔)로 표현하고 있는데 "잎이 둥글게 모여 있는 모양이 꽃과 같으며 가장자리는 구겨져 있고, 연하고 부드러워서 국을 끓이기에 적당하므로 이런 이름이 붙여졌다고 하며, 가시파래나 납작파래와 같은 때에 나고 서식하는 수층 역시 같다"라고 하고 있다. 여기서 갱(羹)이라는 뜻은 우리말의 '국'을 의미하는 한자로 참홑파래는 국을 끓여 먹기에 좋은 해조류라는 뜻이다.

한방에서 참홑파래는 '신기'라 하여 혈압강하제나 진정제의 약재로도 사용해 왔으며, 최근에는 참홑파래 추출물이 항고지혈증과 콜레스테롤 저하효과가 있음이 보고되고 있어 앞으로 건강기능식품의 소재 등과 같은 다양한 형태로 활용할 만한 가치가 있을 것으로 생각된다.

다. 영양적특징과 먹는 방법

참홑파래의 성분 중 탄수화물 함량이 48.3g으로 대부분이 식이섬유로 추정되므로 변비예방에 효과적이고, 단백질, 섬유소, 지방, 칼슘, 철분과 비타민 C 등을 다량 포함하고 있고, 단백질중에는 메티오닌, 글루탐산 등과 같은 아미노산이 많이 함유되어 있어 영양가가 육상의 야채류나 과일과 비교하여 결코 뒤지지 않을 정도로 매우 높을 뿐만 아니라 파래 특유의 향기를 가지고 있어 옛날부터 고급식재료로 사용되어 왔다.

주로 생으로 무쳐먹거나 건조시켜 나물, 국, 샐러드, 구이형태로 해서도 먹는다. 제주도에서는 '파레'로 불리며, 채취한 참홑파래를 민물로 씻은 후 간장으로 양념하여 먹기도 한다.

한편, 일본에서 식용으로 하고 있는 홑파래과에 속하는 홑파래류(*Monostroma latissimum*)는 생것은 주로 된장국에 넣어 먹고, 건조

품은 김과 같이 판모양으로 만들어 구워 먹거나 가루를 내어 밥에 뿌려 먹는다. 중국에서는 봄에 많은 양을 수확하여 말린 것을 사용하지만 일부는 인도네시아나 필리핀 등지로 수출하기도 한다. 식감과 향기가 좋아 널리 사용되는 종으로서 향신료로 많이 사용하는데 말린 참홑파래를 분쇄하여 물고기 요리나 야채요리의 향신료로서 사용하거나 초록색의 색택을 내기 위해서도 사용되며 빵을 만들때 넣거나 옥수수죽을 끓일 때 함께 넣어 먹기도 한다.

제2절 갈조류

4. 감태

가. 생태

감태는 갈조류로 미역과에 속하며, 학술명은 *Ecklonia cava*이고, 영명은 Sea trumpet이며, 가죽질감이 나고 긴 막대기 모양의 줄기에서 중심잎이 나고 그 잎의 양쪽 옆 가장자리에서 많은 가지 잎을 낸다. 크기는 충분히 자란 것은 1m 이상이 되고 중앙부가 다소 굵으며 우리나라 해조류 중 몇 종류 안 되는 여러해살이 해조류로 2년째에는 가을에서 겨울을 지나는 동안 중심잎은 소실되고, 줄기만으로 남았다가 때가 되면 줄기 꼭대기에서 새로운 중심잎이 만들어지며 이렇게 성장하는데 2~3년이 정도가 걸린다. 색깔은 짙은 갈색이며, 서식수심은 조하대에 자라고, 동해안, 남해안 및 제주도 일대에 분포한다.

나. 감태에 얽힌 이야기

감태는 동해안지역에 서식하는 자연산전복의 먹이원이기도 하는데 1차 및 2차 세계대전때 칼륨의 수요가 증가하여 일본에서는 감태에서 칼륨을 추출하기 위해 무분별하게 대량 채취하였더니 전복의 어획량이 격감한 사례가 있다고 한다. 또 앞서 가시파래에서도 언급했듯이 간혹 갈조류인 감태와 녹조류인 가시파래를 모두 같이 감태라고 불리기도 하는데 이들 둘은 전혀 다른 종류이다.

감태의 색깔은 갈색으로 잎이 넓지만, 생것으로 먹을 때 쓴맛과 떫은맛이 강하여 먹을 수 없는데 그 이유는 감태에 들어 있는 탄닌계통의 성분 때문으로 알려져 있다. 그러나 최근에는 이러한 탄닌성분이 수면을 유도하는 기능이 있는 것으로 알려져 건강기능식품으로 상품화가 되고 있다고 한다.

감태는 기능성 식품이나 의약품 소재로서 이용가능성이 매우 높음에도 불구하고 안타깝게도 해양생태계의 보존을 위해 직접적인 채취는 금하고 있다. 그러나 강한 파도에 의해서 자연적으로 떨어져 나온 감태는 수거하여 이용할 수 있기 때문에 파도가 강하게 치거나 태풍이 지나간 뒤에 해안가에서 어민들이 감태를 수거하는 것을 볼 수가 있다. 한때 풍부한 자원량을 자랑했던 감태가 지금은 현저하게 줄어들고 있어 이러한 해조류자원을 증식하기 위하여 매년 인공적으로 재배하여 바다에 이식하는 바다식목일 사업을 시행하고 있는데 이렇게 함으로서 자원고갈을 막고 많은 수산생물의 서식처와 먹이원으로 조성하고자 하고 있으며, 나아가 감태자원이 풍부해지면 누구나 채취하여 그 이용가치가 높아질 수 있을 것이다.

다. 영양적특징과 먹는 방법

감태의 성분 중 수분을 제외하고는 탄수화물이 거의 대부분을 차지하고 있고, 그 다음으로는 무기질함량이 가장 많다. 무기질중에서는 칼륨함량이 특히 많고, 그 외에 마그네슘과 철 등의 함량이 높아 미네랄의 보고라고 할 수 있다.

감태는 미역이나 다시마와 마찬가지로 알긴산이나 후코이단과 섬유질 등의 성분이 많이 함유되어 있어 몸속의 중금속의 배출이나 항암 또는 면역증진에 도움을 주고 또한 다이어트에도 효과적인 것으로 되어 있다. 또한, 감태에는 씨놀(seanol)이라는 폴리페놀 성분이 다량으로 존재한다는 것이 확인되었는데, 이것은 강한 항산화 및 항염증활성을 가지고 있어 식품이나 의약품으로서 활용가능성이 기대되고 있는 성분이며, 검둥감태의 경우, 중국에서는 '군부'라고 칭하며 갑상선 종양치료제로 활용되고 있다고 한다.

감태를 먹는 방법으로는 주로 말려서 먹는데 그대로 먹기는 곤란하여 데쳐서 전이나 무침으로 하여 먹거나 분말로 하여 이용한다.

일본에서도 우리나라와 마찬가지로 된장국에 넣거나 초무침, 무침, 조림 등과 같은 다양한 형태로 해서 먹고, 일부는 의약품의 원료로 사용하기도 한다.

5. 고리매

가. 생태

고리매는 갈조류로 고리매과에 속하며, 학술명은 *Scytosiphon lomentaria*이고, 영명은 Whip tube이다. 몸은 뭉쳐서 나고 줄기는 원주형태이며, 어릴때에는 가는 실모양인데 성장하면서 군데군데 관절처럼 잘록한 형태를 가지게 된다. 크기는 15~30cm이고, 직경은 1~5mm 정도이며, 어릴때에는 몸의 전면에 무색의 털이 있으나 나중에 없어진다. 색깔은 녹갈색, 황갈색 및 암갈색이며, 서식수심은 조간대 상부에 군락을 이루고 특히 겨울철에 번성하고, 우리나라 전 연안에 분포한다.

나. 고리매에 얽힌 이야기

한의학에서는 고리매를 짠맛이 나고 성질은 차가우며 간과 폐에 좋다고 하였다. 고리매를 '고르매' 또는 '누덕나물'이라고도 하는데 식용으로 하거나 약재로 사용한다.

우리나라에서는 강원도 고성이나 양양 지방에서는 긴 대나무 막대기 앞에 갈고리를 만들어 배를 탄 상태에서 얕은 암반지대에 있는 고리매를 채취하는데 이것을 둥글게 모양을 만들어 건조하여 판매한다.

다. 영양적특징과 먹는 방법

우리나라에서 먹는 방법으로는 말린 고리매를 기름에 살짝 두른 후 라이팬에 살짝 튀기면 파랗게 변하게 되는데 여기에 다시마부각처럼 설탕에 뿌려 먹으면 색다른 식감과 맛을 찾는 식도락가들의 술안주나 주전부리로 제격이다. 또 고리매를 초무침으로 하여 반찬으로 하거나 봄나물의 대용으로 하기도 하며 된장국 등의 국거리로도 사용한다고 한다.

중국에서는 고리매를 채취하여 부드러워질 때까지 끓여서 물고기를 같이 넣어 스프로 해서 먹거나 여기에 콩가루로 만든 투명한 베르미첼리(vermicelli, 이탈리아 파스타의 일종)와 비슷한 국수와 간장을 함께 넣어 먹는다고 한다. 대만에서는 어린 조체를 채취하여 돼지고기 또는 물고기와 함께 넣어 튀겨 먹는다.

일본에서는 채취한 고리매를 천일건조하여 마른 김의 형태로 만들어 구워 먹거나 선명한 녹색으로 바꾸어 뜨거운 밥에 뿌려 먹는다.

6. 곰피

가. 생태

곰피는 갈조류로 미역과에 속하며, 학술명은 *Ecklonia stolonifera* 이고, 영명은 Kelp이다. 줄기는 원주상이며 크기는 10~25cm이고, 굵기는 3~5mm이며 단면은 다소 불규칙하게 배열된 2층으로 점질성이 강하다. 잎은 넓고, 대개는 한 개이며 바닥부분은 쐐기꼴로 주름이 있고 가장자리에는 톱니가 있으며, 여러 개가 모여서 큰 군락을 이룬다. 동해의 특산으로 알려져 있지만 남해지역에서도 볼 수 있다.

나. 영양적특징과 먹는 방법

영양성분으로는 각종 아미노산과 다당류인 라미나란 및 알긴산이 풍부히 함유되어 있어 알긴산을 추출하는 원료로도 사용된다. 또 관절의 치료에 도움을 주는 항염증 및 항산화효능이 뛰어나다고 알려져 있다. 그러나 먹을 때 약간 떫은맛이 나기도 하는데 이는 갈조류속에 함유되어 있는 탄닌 성분에 기인하는 것으로 알려져 있다.

우리나라에서는 주로 곰피는 무침으로 해서 먹는데 그 외에도 가늘게 썰어 무침이나 장아찌로 해서 먹거나 다양한 요리재료로 사용된다고 한다. 곰피는 떫은 맛이 나기 때문에 살짝 데치면 파란색으로 변하면서 떫은 맛이 거의 제거가능하며, 오독오독 씹히는 맛이 일품으로 초장과 곁들여 먹으면 포만감도 주고 칼로리가 극히 낮아 비만예방에도 좋은 식재료로 사용될 수 있다.

일본에서는 주로 부드럽고 어린 조체를 채취하여 천일건조하여 판매하는데 그 외에도 분말 또는 세절하여 팔기도 한다. 가늘게 썰어 식초나 간장으로 조미하거나 건조하여 된장국의 재료로 사용되기도 하며, 최근에는 건강식품의 재료로서 주정추출액으로 만들어 시판하기도 한다고 한다.

7. 다시마류

1) 다시마

가. 생태

다시마는 갈조류로 다시마과에 속하며, 학술명은 *Saccharina japonica*이고, 영명은 Sea tangle, Kombu, Kelp로 표현된다. 서식 수심은 2~10m의 암초지대에서 분포하며, 크기는 2~6m이고, 폭은 30cm이며, 두께는 3mm 정도까지 자란다. 다시마속의 대표종이며 섬유모양의 가지에서 생긴 뿌리에서 짧은 줄기모양의 부분이 똑바로 서 있고, 그 위에 넓은 엽상부가 있다. 잎이 넓으며 매끈매끈하고 차가운 바다에서 잘 자라기 때문에 우리나라에서는 미역과 같이 겨울철에 왕성하게 성장하며 자연산의 경우 조하대에 대부분이 서식한다. 수명은 2년이며 2년 된 몸체를 채집하여 식용한다. 1년생 다시마는 엽체가 얇고 가벼워서 상품가치가 적어서 잘 사용되지 않고 그대로 두면 엽체는 녹아 없어져 밑부분만 남게 되는데 늦가을이 되면 밑부분의 생장대에서 2년째의 잎이 만들어져 매우 두꺼운 엽체가 만들어지게 되어 봄까지 채취가 가능하게 된다.

나. 다시마에 얽힌 이야기

현재 시판되고 있고 즐겨먹는 다시마는 한해(寒海)성 해조류로 원래 우리나라 특히 남한에는 자생하지 않는 종으로 일본 북해도에서 이식하여 강원도 주문진 일대에서 양식을 최초로 시작되면서부터이다. 이후 완도, 진도와 흑산도 등지에도 이식되어 현재 남해안 일대와 서해안 태안반도에서도 일부 양식되고 있으나, 지금은 우리나라의 다시마 양식생산의 대부분은 전남지방에서 생산되고 있다. 한편, 서해의 백령도에서도 다시마를 양식하고 있는데 이곳에서 생산되는 다시마는 특히 두께가 두껍고 잎이 넓다고 알려져 있다.

다시마는 2004년까지는 2만여톤 정도밖에 생산되지 않다가 이후 급격히 증가하기 시작하여 2019년도에는 약 66만톤 정도가 생산되는데 이렇게 급격히 생산량이 증대되게 된 원인은 식용다시마를 생산하기 위해서가 아니라 전복의 대량생산기술이 확립됨에 따라 전복의 먹이원으로서 사용되는 다시마의 생산량을 늘린 것이 주된 요인이다.

우리 선조들은 옛날부터 다시마를 끓인 물이 감칠맛을 내는 사실을 알고 음식의 맛을 낼 때에는 마른 다시마를 넣고 삶아 우려내어 사용하여 왔는데, 1908년 일본의 학자가 처음으로 다시마에서 감칠맛을 내는 성분이 MSG(monosodium glutamate)라는 사실을 밝혀내고 난 이후부터 지금은 요리를 할 때 맛을 내는데 필수적으로 들어가는 조미료성분으로 되었다.

한편 과거 러시아의 체르노빌 원자력 발전소에서 방사능 유출사고가 났을 때 방사능 영향권에 든 유럽 각국에서 요오드 성분이 들어있는 해조류인 다시마와 미역, 김 등이 품귀 상태를 빚은 바 있는데 이는 방사선 노출이나 농작물을 통한 간접오염에 가장 민감한 인체의 부위가 갑상선이어서 방사능오염을 예방하고 해독하는데 요오드 성분이 든 해조류가 좋다고 알려졌기 때문이다.

옛 의서인 「남해약보(南海藥譜)」에는 신라인들이 다시마를 채취해 중국에 수출한 기록이 있는데 이는 당시 신라에서 생산된 해산물 가운데 다시마가 대표적인 것이었고 중국에까지 그 명성이 알려졌음을 확인시켜 주는 것이다. 『동의보감』에서는 "다시마(昆布, 곤포)는 성질이 차고 맛이 짜며 독이 없으며, 12가지 수종을 치료하는데 오줌을 잘 누게 하고 얼굴이 부은 것을 내리게 한다"고 약효를 소개했다. 또한 한방에서는 맛이 쓰고 성질이 차며 독이 없어 나력, 목덜미에 생긴 혹, 식도암, 수종, 고환이 붓고 아픈 증세, 대하증을 치료하는데 사용한다고 한다.

생약으로는 다시마의 가경부가 주로 사용되며, 또 가경부를 외과수술 및 분만 때 수술부위의 확대 또는 산도확대용으로도 사용되며, 잎과 뿌리를 약용으로 사용하고, 짠 맛이 나고 성질은 차가우며 간, 위, 신장에 좋다고 한다.

과거 진시황제가 신하를 보내 구해온 불로초 중의 하나라는 것이 일본서기에 전해져 있다고 알려져 있으며, '지구상 최초의 풀'이라고 해 초초(初草)라고도 불렀다고 한다.

한편, 조선왕조실록에서는 다시마류를 곤포(昆布) 또는 탑사마(塔士麻)로 표현하고 있는데 그 중에서도 곤포가 더 자주 등장하고 있는 것으로 보아 다시마를 대표하는 용어로는 곤포인 것으로 추정된다.

다. 영양적특징과 먹는 방법

다시마의 주요성분 조성을 살펴보면 건조다시마 100g에 대해 단백질은 7.4%, 지방은 1.1%, 탄수화물은 41.1%, 회분은 34.0%로 구성되어 있고, 가용성 식이섬유 함유량도 매우 높고, 비타민 B3와 비타민 C가 풍부하다.

미네랄 중 철분은 우유에 비해 40배나 많고, 칼슘의 활동을 촉진시켜 뼈까지 튼튼하게 도와주며 혈관을 탄력있게 해 줄 뿐만 아니라 피부미용이나 탈모예방에 좋다고 알려져 있다. 이렇듯 다시마에는 칼륨(K^+), 나트륨(Na^+), 칼슘(Ca^{2+}), 마그네슘(Mg^{2+}) 등 알카리성 금속이온과 요오드(I_2)가 많이 함유되어 있어 대표적인 알카리성 식품중의 하나이다.

다시마에는 또 칼슘 성분이 풍부한데 말린 다시마 100g당 7백10mg이나 들어 있다. 칼슘은 성장기 어린이에게 필수적인 영양소일 뿐만 아니라 스트레스를 많이 받는 현대인들에게도 반드시 필요한 성분이다.

요오드의 경우 다시마는 100g당 1백90mg이나 들어 있는데, 갑상선에서 분비되는 호르몬의 주된 성분인 요오드가 부족하게 되면 신진대사가 완만해지고 저항력이 떨어질 뿐 아니라 기력이 쇠퇴해져 머리가 빠지거나 피부가 거칠어지는 노화현상과 비만의 원인이 되기도 한다.

또한 항산화작용을 하는 것으로 알려진 셀레늄도 0.21㎍/g 함유되어 있다.

다시마에는 식이섬유도 다량 포함돼 있는데 말린 다시마의 경우 100g당 식이섬유가 35.8g이 함유되어 있다. 생다시마를 만졌을 때 끈적이는 성분이 알긴산인데 이것은 대표적인 식이섬유 성분으로서 다양한 생리기능성을 가진다. 알긴산의 경우 중금속과 방사성물질 스트론튬 90(Sr^{90})에 의한 오염을 막는데 관여하는 것으로 알려져 있으며, 다시마에 들어 있는 라미나란은 류마티즘, 항염증, 체중조절 및 혈압에 유용한 것으로 알려져 있다.

식이섬유는 인간의 소화효소에 소화되지 않는 채 대장으로 보내지기 때문에 장의 연동운동을 원활하게 하며 배설작용을 촉진시켜 숙변을 제거해 다이어트와 대장암 예방과 변비에도 좋은 효과를 발휘한다.

또 식이섬유는 수분을 흡수하는 성질이 매우 강하기 때문에 우리 몸속에 들어가게 되면 부피가 커지게 되면서 포만감을 느끼게 할 뿐 아니라 흡수성과 점도가 높아져 당이나 지방의 흡수를 지연시키므로 비만과 당뇨병의 예방과 치료효과가 나타나며, 담즙산과 콜레스테롤을 흡착하여 배출함으로서 동맥경화 및 담석증 예방에도 효과가 있다.

다시마 뿌리에는 심장을 강화하고 숨이 차는 것을 안정시키는 성분이 있고, 십이지장궤양 치료제가 들어 있다고 하며 다시마 뿌리분말을 장기간 복용하면 탈모현상이 억제되고, 항바이러스 성분이 있어 감기 예방효과도 있다고 한다. 최근에 다시마에 함유되어 있는 다당류의 일종인 후코이단이 암세포를 파괴시키는 역할을 하는 것으로 알려져 있고, 그 외에도 다시마에서는 항바이러스성, 항돌연변이 및 항혈액응고 및 면역력 증강 등의 생리기능을 가지는 성분이 존재하는 것으로 알려져 있다.

다시마를 먹는 방법을 살펴보면, 생다시마를 그대로 먹기도 하지만 장기간 보관을 위해 염장다시마나 건다시마 형태로 주로 가공되며 이것을 이용해서 국이나 조미육수용으로 추출하기 위해 주로 사용되거나 다시마를 잘게 썰어 채의 형태로 하여 무침재료로 하여 반찬용으로도 사용된다. 그 외에도 자반, 다시마차, 다시마환 등 다양한 형태로 2차 가공되어 시판되고 있고, 다시마의 함유되어 있는 알긴산을 이용하여 여러 가지 식품첨가물로서도 이용된다.

참고로, 알신산을 이용한 연어알과 아주 유사한 제품을 만드는 예를 들면 다음과 같다. 칼슘용액에 알긴산나트륨을 녹인 것을 방울형태로 떨어뜨리면 방울표면이 불용성의 알긴산칼슘으로 변하면서 순식간에 방울형태의 작은 알갱이모양이 만들어지는데 이러한 특성을 이용하여 다양한 모조식품을 만들 수도 있다.

중국에서는 다시마가 일본과 마찬가지로 식품소재로서 아주 중요한

데 돼지고기와 섞어서 스프로 만들거나 egg flower라고 하는 달걀과 함께 넣어 만드는 요리도 있다. 또 다른 방법으로 압력솥에 층층이 물고기를 넣고 간장 등의 각종 향신료와 부재료를 넣어 요리하는 것으로 물고기의 뼈가 연해지고 풍미도 풍부해진다고 하며, 또 다른 예로는 다시마 조각 위에 돼지고기, 간장 등의 부재료를 얹고 싼 다음 증기로 찌는 요리도 있다고 한다.

일본에서는 일일이 나열하기 힘들 정도로 일본인들이 즐겨 먹는 해조류로 초무침, 된장지, 죽 또는 샐러드 형태로 해서 먹거나 가공제품으로 다시마차, 다시마환 등으로 2차 가공하거나 건강기능식품의 소재로서도 널리 이용된다.

최근에는 다시마를 식용 외에도 알긴산과 라미나란과 같은 성분을 추출하여 다양한 형태의 생활용품이나 비누, 샴푸와 화장품 등과 같은 미용제품으로 활용되고 있고, 또 이러한 유용성분을 이용하여 건강보조식품 등으로 개발하여 시판하고 있어 다시마의 수요가 계속적으로 확대될 가능성이 높다.

한편, 건다시마의 표면에는 하얀 가루는 만니톨이라는 단맛을 내는 천연감미료 물질이며, 품질이 좋은 마른다시마를 고르는 방법으로서 다시마표면에 이러한 하얀 분말이 많고 고르게 분포되어 있고 두께가 두꺼우면서도 색택은 전체적으로 흑색 또는 약간 녹갈색을 띤 것이 좋다. 일반적으로 다시마는 미역이 끝나는 초봄에 본격적으로 나기 시작하는데 이때 나는 것이 가장 맛이 좋다고 한다.

2) 개다시마

가. 생태

개다시마는 갈조류로 다시마과에 속하며, 학술명은 *Kjellmaniella crassifolia*이고, 영명은 Sea kelp이며, 유사종류로는 애기다시마, 다시마 등이 있다. 형태적으로 볼 때 뿌리는 섬유상이고 기부에서 여러 개의 잎이 발생하며 줄기는 미끈하다. 크기는 4~6cm이며, 지름은 10~12mm이고, 줄기는 넓은 긴 대나무 잎 모양이다. 조체는 다소 억세고 점질물이 많이 발생하며, 서식수심이 깊은 곳에 생육하고, 분포지역은 우리나라 강릉 이북의 동해 연안이다.

나. 개다시마에 얽힌 이야기

개다시마는 다시마와 달리 우리나라에 본래부터 동해지역에 서식하던 다시마로 '토종다시마'라고 불린다. 최근 국립수산과학원에서는 개다시마를 '용다시마'로 이름을 바꾸려고 하는데 개다시마에서 '개'라는 말은 품질이 낮거나 비하하는 말을 의미하는 것으로, 우리 토종다시마의 이미지개선을 위해 앞으로는 '개다시마' 대신에 '용다시마'라고 개명하는 것도 좋을 듯하다.

다. 영양적특징과 먹는 방법

개다시마는 잎이 두꺼워 쌈이나 튀각으로 식용으로 하기는 하나 생산량이 소량이어서 흔히 볼 수 있는 종류도 아니고, 또 다시마보다 맛이 없는 것으로 알려져 그다지 용도가 개발되지 않았지만, 앞으로는 이 다시마가 대량생산 된다면 국물용 등과 같은 다양한 용도의 개발이 기대되는 해조류이다.

일본에서는 개다시마를 다시마와 마찬가지로 다양한 요리의 재료로서 활용하고 있는데, 용도로는 세절한 개다시마를 된장국, 무침, 샐러드나 밥에 얹어 먹는 등 다양한 요리법이 소개되고 있고 또한 건조 개다시마를 이용하거나 분말로 이용하는 방법도 있다.

한편, 개다시마가 잎이 두껍다는 점과 보습효과가 있는 알긴산 등과 같은 다당류의 함량이 높은 점을 이용하면 천연 마스크팩이나 보습제로 이용하면 충분한 활용가치가 있을 것으로 생각된다.

8. 대황

가. 생태

대황은 갈조류로 미역과에 속하며, 학술명은 *Eisenia bicyclis*이고, 영명은 Sea oak이다. 크기는 서식처의 수심에 따라 차이가 나는데 수 미터에서 수십 미터 이상 깊은 곳의 바위 위에 부착하여 서식하는 것으로 큰 것은 1.5m에 달한다. 줄기의 지름은 2~3cm이고, 중앙부가 좀 굵고 여러해살이로 4년까지 사는 것으로 알려져 있다. 색은 암황갈색이고 건조하면 흑색이 되며, 우리나라에서는 울릉도와 독도 등지에서만 분포하는 특산종이다.

나. 대황에 얽힌 이야기

대황을 서양에서는 sea oak, 즉 바다참나무라고 부르는데 이는 대황의 엽상부가 마치 참나무의 잎과 흡사하다고 생각해서 붙였는데 반면에 우리나라에서는 대나무 잎과 유사하다고 생각하였다. 이것은 아마도 어릴 때 대황의 엽상부가 대나무 잎과 닮아서 붙여진 이름으로 추정된다.

한편, 대황과 아주 유사한 종류로 감태가 있는데 구별하기가 쉽지 않다. 일반적으로 감태는 제주연안에 서식하고 있고 간혹 동해안 해안에서도 혼재하기도 하여 더욱 더 구별하기가 곤란할 경우가 있다. 차이점이라고 하면 대황은 위의 사진을 보면 줄기의 엽상부에서 두 갈래로 갈라져 있는 반면, 감태는 하나의 엽상부에서 여러 개의 작은 가지로 갈라지는 것이 두드러지게 다르다.

대황도 감태와 더불어 바다식목일에 식재하는 대표적인 종류로 제주도에서 나는 감태와 마찬가지로 직접 채취하는 것은 불법이지만 바람이나 조수에 의해 바닷가로 떠밀려온 것을 이용하는 것은 가능하다.

다. 영양적특징과 먹는 방법

대황의 주요성분 조성을 살펴보면, 건조대황 100g에 대해 단백질은 7.3%, 지방은 0.2%, 탄수화물은 54.5%, 회분은 16.7%로 구성되어 있고 회분을 구성하는 미네랄 중에서 칼슘과 인이 풍부하다.

대황은 칼슘, 요오드, 철, 마그네슘 및 비타민 A 뿐만 아니라 다른 미네랄도 풍부한 해조류로 과거에는 알긴산의 원료로 많이 사용되었고, 대황에는 라미나란과 면역활성이 있는 펩타이드와 항산화활성이 높은 플로로탄닌 등이 풍부한 것으로 알려져 있어 기능성 및 생리활성물질의 보고로 알려져 있다.

우리나라에서 대황을 식용으로 이용한다고 하고는 있지만 실제로는 엽상부가 두껍고 억세어서 그대로 먹는 경우는 드물고 대부분은 건조시켜 추출물 형태로 해서 먹거나 일단 먹기 전에 약간 데쳐서 조직을 부드럽게 한 다음 요리재료로 사용하며, 알긴산 원료로도 많이 이용된다.

일본에서는 조림, 초절임, 무침 및 밥을 할 때 넣어 먹는 등 무수히 많은 요리와 재료에 사용되고 있다.

9. 뜸부기

가. 생태

뜸부기는 갈조류로 뜸부기과에 속하며, 학술명은 *Silvetia siliquosa* 이고, 영명은 Seaweed wrightii이다. 크기는 5~15cm이고 성장함에 따라 체형의 변화가 심하다. 서식수심은 조간대의 바위에 군락을 이루며, 분포지역은 우리나라 남해안 전역에 분포한다. 뜸부기는 길이가 짧고 가지가 적으며 옆으로 납작하게 펼쳐져 있고, 서식수심은 조간대의 바위위에 군락을 이루고 있으며, 우리나라 전 연안에 분포한다.

뜸부기는 옛날부터 서, 남해안 바닷가에서 광범위하게 군락을 형성하며 분포하였으나, 최근에는 오염의 증가로 자연개체군은 연근해 바닷가에서 급격히 감소하거나 사라지고 외해의 흑산도, 진도 및 완도 등의 섬 지방에서만 관찰된다.

나. 뜸부기에 얽힌 이야기

뜸부기는 속명으로 둠북(斗音北, 두음북)이라고도 불렸고, 특히 전라도지방에서는 뜸부기는 제사상에 올리는데 그 이유는 제사상에 뜸부기가 안 올라가면 귀신이 오지 않는다고 하였는데, 이것은 뜸부기가 발이 넓고 가지가 많고 넓게 펴져 있어 귀신이 많이 와도 여럿이 나눠 먹을 수 있다고 해서 제사상에 올린다고 한다.

『자산어보』에는 뜸부기를 석기생(石寄生)으로 표현하고 있는데, "크기는 2~3치(6~9cm) 정도로 뿌리에 많은 줄기가 뻗어 있다. 줄기는 또 갈라져 가지와 잎이 생긴다. 처음에 생겨나는 놈은 모두 편평하고 넓으나 이미 편평하게 완성된 놈은 둥글 뿐만 아니라 속이 약간 빈 것 같다. 얼핏 보면 기생하는 것 같다. 빛깔은 황흑색이고 맛은 담담하며 국을 끓이면 맛이 좋다"라고 되어 있다.

뜸부기를 옛날에는 '석기생'이라고 표현하였는데 그러면 석기생이란 이름은 과연 무슨 뜻일까? 본 저자가 추정해 본 결론은 다음과 같다. 여기서 '기생'이라는 말은 나무에 들러붙어 사는 겨우살이를 일컫는 말로 한의학에서는 겨우살이가 사는 나무 종류에 따라 기생목(寄生木)을 분류한다. 다시 말하면 뽕나무에 기생하면 상기생(桑寄生)으로 분류하고, 버드나무에 기생하면 류기생(柳寄生)이라고 하는 식이다. 이런 식으로 보면, '석기생'은 바다속에 붙어 있는 뜸부기가 겨우살이처럼 모양도 비슷하고 바다속 바위에 붙어서 자라는 것을 보고 붙인 이름으로 유추된다.

한방에서는 뜸부기를 짠맛이 나며 약의 성질은 차다고 하여 잎을 약용으로 사용하고, 갑상성종 및 경임파결 종양, 폐결핵 및 기관지염, 기침에 좋다고 되어 있다.

현재 뜸부기는 전량 자연산 채취에 의존되며 생산량도 많지 않아 전남지방 일부분에서만 판매와 소비가 이루어지고 있고 그나마 생산되는 것의 대부분은 일본으로 수출되고, 가격도 마른 김보다도 월등히 높다.

다. 영양적특징과 먹는 방법

뜸부기의 주요성분 조성을 살펴보면, 건조뜸부기 100g에 대해 단백질은 6.1%, 지방은 2.5%, 탄수화물은 40.8%, 회분은 21.2%로 구성되어 있는데, 탄수화물 함량이 가장 높고 식이섬유가 많으며, 무기질 중에는 칼슘함량이 1,090mg으로 상당히 높다.

뜸부기는 알긴산의 추출을 위한 원료로도 많이 이용되는데, 생리활성으로 항산화 및 당뇨억제 활성을 나타내며, 다당류의 응고방지 및 지방분해 자극활성을 가진다고 한다. 또한, 최근에 이 종에서 추출한 알긴산은 당뇨병, 고혈압의 치료제로 이용되고 또한 건강기능성이 확인되고 있어 점차 수요가 증대하고 있다.

우리나라에서 먹는 방법은 생것으로 그대로 먹거나 또는 건조하여 나물, 국, 샐러드로 이용하며, 전남 완도지방에서는 전통적으로 제사상에 반드시 올리는 나물재료로 주로 사용된다.

10. 모자반류

 겨울철이나 초봄에 바닷가 갯바위에 가 보면 마치 아가씨들의 긴 생머리가 바람결에 흩날리듯이 파도의 물결에 따라 물속에서 이리저리로 흔들이는 해조류를 볼 수 있는데 이것이 바로 모자반이다. 모자반과에는 톳과 모자반의 2속이 존재하며, 최근에는 채집기술의 향상과 유전자분석법의 발달로 인해 보다 다양한 종류의 모자반이 속속 발견되고 있어 현재는 30여종 정도가 우리나라 주변해역에서 서식하는 것으로 밝혀졌다. 모자반류를 직접 식용하는 국가로는 방글라데시, 하와이, 말레이시아, 미얀마, 필리핀, 태국, 베트남 등이 있고 그 이외에도 브라질, 베트남에서는 농업용 비료로 사용하고 있으며, 특히 브라질이나 베트남에서는 약용으로도 사용된다고 한다.
 모자반은 다른 해조류와 달리 비교적 뿌리, 줄기와 잎의 구별이 뚜렷해서 형태적으로 볼 때 해조류 중에서 육상식물과 비교해서 가장 진화가 많이 된 종류이다.
 다음은 모자반류에서 식용으로 가능한 대표적인 모자반에 대해서 간략히 소개하고자 한다. 다만 모자반류는 톳과 지충이를 제외하고는 그 종류를 확실히 구분하기가 상당히 어렵다는 사실을 알아 둘 필요가 있다.

1) 괭생이모자반

가. 생태

괭생이모자반은 갈조류로 모자반과에 속하며, 학술명은 *Sargassum horneri*이다. 단추모양의 뿌리에서 나온 줄기는 외가닥으로 길어지거나 가끔 두 갈래로 갈라지며 윗부분에서 가지가 나온다. 크기는 3~5m이며, 서식수심은 조하대의 바위 위에 생육하고 간조때 몸의 끝부분이 수면에 떠다니는 것을 볼 수 있다. 우리나라 전 연안에 분포하는 것으로 가장 흔히 볼 수 있는 종류이다.

나. 괭생이모자반에 얽힌 이야기

영덕과 경북지방에서는 괭생이모자반을 '진저리'라고 부르는데, 강원도 삼척 이북의 지방에서는 지누아리나 잘피를 '진저리'라고 부르기도 한다. 괭생이모자반은 식품위생법에 보면 식품소재로서의 안전성에 대한 검증결과에 대한 자료부족으로 식품가공용으로 사용할 수 없는 종류로 되어 있었다. 그러나 괭생이모자반의 식품 및 건강기능성적인 측면에서 조사한 결과 그 잠재적인 이용가능성이 높은 것으로 판단되어 2016년에 국립수산과학원에서 식품원료로 사용할 수 있도록 할 수 있는 관련 자료와 정보를 식품의약품안전처에 제공함으로써 비로소 각종 가공식품의 원료로 사용되게 할 수 있었다.

다. 영양적특징과 먹는 방법

괭생이모자반에 대한 식품학적 영양성분의 분석에 대한 자료가 거의 되어있지 않는 것은 그동안 통상적으로 괭생이모자반이 식품원료로 사용되지 않았기 때문이였지만 최근에 괭생이모자반에 대해 연구한 결과 항염증활성 등을 나타내는 플로로탄닌류가 다량 존재하는 것으로 확인되어 생리기능성이 기대되는 종류이다.

괭생이모자반은 일반적으로 참모자반과 달리 직접 식용으로 할 경우 어린 순이나 부드러운 부분만을 먹을 수 있는데 성숙된 조체를 식용할 경우 식감이 좋지 않다고 한다. 식용으로 할 경우 나물, 국이나 샐러드로 이용하고 대부분은 바다에 떠밀려온 괭생이모자반을 거둬들여서 농사를 지을 때 사용하는 비료나 거름으로 사용한다.

중국에서는 모자반을 많은 요리재료서 사용하고 있는데, 특히 출산후의 여성에게는 특별한 요리재료서 사용되고, 새해가 시작되거나 전통축제때에도 특별요리에 사용된다고 한다. 일본에서는 건제품으로 주로 유통되는데 밥에 얹어 먹거나 조림 등 다양한 요리법과 이러한 재료를 이용한 가공방법이 있다.

2) 모자반

가. 생태

모자반은 갈조류로 모자반과에 속하며, 학술명은 *Sargassum fulvellum* 이고, 영명은 Gulf weed, Sea-lentil이다. 뿌리는 가반상이고, 줄기는 외가닥으로 길어지며 윗부분에서 가지가 나오고, 줄기에는 고랑이 있어서 단면으로 보면 삼각형을 나타내며, 잎은 얇고 주걱모양이며, 크기는 큰 것은 수 미터에 달하는 것도 있다. 모자반에는 조그만한 구슬이나 달걀모양의 작은 속이 빈 기낭라고 하는 공기주머니가 있는데 이것은 모자반이 나무와 같이 단단한 섬유조직이 없기 때문에 바다속에서 똑바로 자랄 수 있게 하는 뜨게 역할을 하는 것이다. 색은 암황갈색이며 연하고 잎면에 검은 점이 있고, 서식수심은 저조선 부근의 바위위에 생육하며, 분포지역은 우리나라 신 인안에 분포한다.

나. 모자반에 얽힌 이야기

『자산어보』에는 모자반은 "크기가 2~3자(60~90cm)쯤 되고, 줄기의 굵기는 힘줄과 같다. 줄기에서는 가지가 나오며 가지에서 다시 곁가지가 나고, 그 가지에는 무수히 가느다란 가지가 나 있으며 그 가지 끝에 잎이 나 있는데, 그 잎은 곱고 부드러우며 나약하고 섬세하다. 그 뿌리를 뽑아 거꾸로 걸어 놓으면 흡사 수천가지가 늘어진 버드나무와 같다. 조수가 밀려오면, 그에 따라 유동하는 모양이 춤추는 것 같고 취한 듯하며, 조수가 쓸려 가면 잎들이 떨어지고 쓰러져 여기저기 흩어져 어지럽고, 색깔은 검다. 세 가지 종류가 있는데, 가지 끝에 밀알 같고 속이 빈 것을 '기름조'라 부르고, 녹두알과 같고 속이 빈 놈을 '고동조'라고 부른다. 이 두 해조류는 데쳐서 먹기도 하고 국을 끓여 먹기도 한다. 그 줄기가 약간 단단하고 잎이 조금 크며 빛깔이 약간 보라색으로서 가지 끝에 달린 것이 콩알 같고 속이 빈 것을 '태양조'라고 부른다. 이 태양조는 먹어서는 안 되는데 10월에 묵은 뿌리에서 돋아나 6~7월에 떨어진다. 이것을 거둬 말려서 보리밭의 거름으로 사용한다. 차가운 기가 많아서 깔고 앉으면 오랫동안 찬기가 가시지 않는다. 대체로 이 해조류는 다 뿌리를 돌에 붙이고 있으며, 뿌리를 붙인 곳은 모두 층차가 있어 서로 얽히지 않는다. 조수가 쓸려간 후에 그 대열을 보면 이것들은 최하대에 있다"라고 하고 있다. 『자산어보』에서 가지 끝에 달린 밀알같이 생긴 것이라는 것은 바로 기낭으로 모자반을 분류했다는 것은 지금에서 보아도 상당한 관찰을 통해서 나름대로 과학적인 근거로서 분류하였다는 사실에 대해서 감탄할 만하다고 할 수 있다.

    모자반류는 한약재와 식용 혹은 양념으로 이용되며, 중국에서는 비료로 이용하기도 하였다. 모자반류의 모든 종은 성질과 성분 및 효능이 유사하여 한방에서는 해호자로 불린다. 하지만 어떤 지역에서는 큰열매모자반은 삼각엽으로, 미아베모자반은 해솔자로, 지충이는 서미조로 불리며 약용되었다. 모자반을 한방에서는 해조(海藻), 낙수(落首), 오채(烏菜), 해대화(海帶花)로 불리며, 약효는 모자반의 성미는 맛은 쓰고 성질은 차고 독이 없다고 되어 있다.

다. 영양적특징과 먹는 방법

　모자반의 주요성분 조성 중 탄수화물이 높아 식이섬유 함량이 많고, 또 회분의 함량이 높은데 그 중에서 특히 칼슘함량이 높다.

　모자반은 요오드가 다량 함유되어 있어 갑상선 치료제로 사용된다. 또한 모자반 추출물은 헤파린이나 히루딘(hirudin)과 비슷하여 혈액응고 저지작용이 있으며, 혈청중의 콜레스테롤 수치나 장기중의 콜레스테롤 함유량을 저하시킬 수 있다. 또 그 안에 함유된 스테롤 특히 베타 시토스테롤(β-sitosterol)에 의한 작용이 강하게 나타나는 등 혈중 지질 강하작용이 있다고 알려져 있다.

　우리나라에서는 생 모자반을 그대로 먹거나 혹은 살짝 데쳐서 양념과 함께 무쳐먹는 무침요리가 대부분이고, 저장을 위해서 생조체를 그대로 냉동저장하거나 또는 장기간 상온에서 보관가능하고 편리하게 먹을 수 있도록 하기 위해서 데쳐서 소금에 염장하여 먹을 때는 소금기를 빼고 국을 끓여 먹거나 무침형태로 하여 반찬대용으로 사용하며, 또 데친 모자반을 자연건조 또는 열풍건조시켜 분말로 만들어 다른 해조류와 섞어서 밥에 뿌려먹기도 한다. 제주도 지방에서는 모자반을 이용해서 국을 끓여 먹는데 '몰국' 또는 '몸국'이라고 하여 제주도를 찾는 관광객들이나 숙취해소용 해장국으로 많이 알려져 있다. 몸국을 만들 때에는 돼지고기 삶은 국물에 넣어서 국을 만든다고 하는데 제주 우도에서는 'ᄆᆞᆷ쿡' 또는 '돗국물'이라고 하는데 잔치 등 큰일을 치를 때 해 먹던 토속음식이다. 여기에 멸치액젓이나 자리돔 젓국을 넣어서 끓인 국을 'ᄎᆞᆯ렛국'이라고 표현한다.

　중국 산동지방에서는 조개와 함께 졸이거나 경단형태로 만들어 먹기도 하거나 두부와 함께 요리해서 먹는다. 그 외에도 산후 여성을 위한 특별식으로도 사용되기도 하며 새해가 되거나 축제 때에도 특별식으로 먹기도 한다.

  그러나 일본에서도 먹기는 하나 그다지 즐겨먹지 않는 것으로 알려져 있으며, 주로 어린 순을 위주로 해서 말려서 초절임이나 무침과 같은 형태로 해서 먹는다.

11. 미역류

미역은 우리나라에서 김과 더불어 가장 즐겨먹는 해조류 중 가히 국가대표급이라고 할 수 있다. 오랫동안 우리 선조들에서부터 현재에 이르기까지 우리나라 국민들이라면 남녀노소를 불문하고 대부분이 생일이 되면 어김없이 먹게 되는 먹거리이고 좋아하는 식품이며, 출산한 임산부에게 산후조리를 위해 주는 선물에는 필수적으로 포함되는 품목 중의 하나이다. 미역은 대한민국 국민이라면 한 번도 안 먹어 본 사람은 없고 또, 단 한 번만 먹은 사람은 없을 정도일 것이다.

그렇다면 어떻게 해서 우리나라 사람들은 해조류를 즐기지 않는 사람들도 이렇게 미역만은 많이 먹게 되게 되었을까? 다음은 미역과 관련된 이야기와 더불어서 해조류 중에서 미역이라는 이름이 공통적으로 들어가 있는 해조류에 대해서도 아울러 설명하고자 한다.

1) 미역

가. 생태

미역은 갈조류로 미역과에 속하며, 학술명은 *Undaria pinnatifida* 이고, 영명은 sea mustard이다. 크기는 50~150cm 정도이고, 미역의 잎의 형태적 차이나 지리적 분포에 따라서 남방형과 북방형의 두 가지로 나눈다. 남방형은 일반적으로 잎의 각이 넓고 체장에 비하여 엽편수가 많으며 포자엽의 주름 수는 적고(2~4개) 포자엽의 수가 많은데 남해안의 얕은 곳에 많이 서식한다. 한편, 북방형은 대형으로 줄기가 길며 잎의 각이 깊고 엽편수가 체장에 비하여 적으며 포자엽의 주름 수는 많고(6~20개), 동해안 북부 또는 깊은 곳의 조류가 빠른 곳에 살고 있다. 주로 외해에 마주한 곳이나 외해에 가까운 바위나 돌에 착생하며 저조선 아래에 서식한다.

미역은 1년생으로 지방에 따라 약간 차이가 있으나 대체로 가을(11월)에서 자라기 시작하면서 겨울철(이듬해 4월)에 왕성하게 자라기 때문에 겨울철에 먹는 것이 맛과 영양면에서 가장 좋다.

나. 미역에 얽힌 이야기

우리나라에서 미역을 누구나 쉽게 구입하여 먹을 수 있는 식품이 된 것은 부산 기장 앞바다에서 처음으로 양식이 시도되기 시작하면서부터인데 그 이전에는 주로 자연산으로 해안가에서 어민들이 바위에 붙은 미역을 일일이 채취해서 판미역형태로 햇볕에 말린 것이 대부분이고 그 생산량도 그다지 많지는 않았다. 그러나 현재 미역의 생산량은 2019년을 기준으로 연간 약 50만톤 이상이 생산되고 있으며 생산량의 거의 대부분은 전남 완도지방이고 그 외에 기장 등지에서도 소량씩 생산되고 있다.

역사적으로 볼 때 미역의 양식을 처음으로 시작한 것은 서기 1,300

년경으로 인공적으로 양식을 시도한 기록이 나타나는데 그 당시에 미역은 왕에게 진상하는 식품으로 귀한 대접을 받았다고 한다. 고려태조 왕건은 고려건국의 공을 세운 박윤웅에게 울산에 있는 미역바위 12구를 하사하여 미역채취에 대한 권리를 줬다는 기록이 '채암비'에 기록되어 있다고 한다. 이와 관련하여 흥미로운 이야기가 있는데 당시 미역바위가 울산 감포에서 기장 앞바다에 걸쳐 있었는데 조선 영조시대에 암행어사 박문수에 의해 환수당한 이후로 3년에 걸쳐 흉작이 나서 그 중에서 1구를 다시 마을에 돌려주니 다시 풍작이 이루어졌다고 하였다. 이로 미루어 볼 때 당시의 사람들이 미역의 인공재배나 관리방법을 이미 알고 있어 인위적으로 미역양식을 위해 여러 가지 조치를 취했을 것이라고 추정할 수 있는 귀중한 자료가 된다.

미역이라는 이름의 유래는 삼국사기에서 찾아볼 수 있는데, 고구려시대에는 '물'을 '매(買)'로 대신해 사용했으며 모양새가 여뀌(식물의 한 종류)의 잎과 비슷하다 해서 '매역(물여뀌)'으로 썼을 것으로 추정되고 나중에 미역으로 바뀌어서 전해진 것으로 보고 있다. 이런 흔적은 미역의 제주도 방언이 '매역'인 데서도 찾아볼 수 있다고 한다.

미역은 우리 민족에게 있어서 산후조리용으로 산모와 불가분의 관계인데 이런 풍습은 오랜 옛날부터 전해져 내려온 것임을 고문헌을 통해서도 확인할 수 있다. 「초학기」라는 고서에 보면 '고래가 새끼를 낳고 입은 상처를 치유하기 위하여 미역을 뜯어먹고 산후의 상처를 낫게 하는 것을 보고 고려 사람들이 산모에게 미역을 먹인다'라고 적혀 있으며, 조선시대 여성들의 풍습을 기록한 「조선여속고(朝鮮女俗考)」에는 '산모가 첫 국밥을 먹기 전에 산모 방의 남서쪽을 깨끗이 치운 뒤 쌀밥과 미역국을 세 그릇씩 장만해 삼신(三神)상을 차려 바쳤는데 여기에 놓았던 밥과 국은 반드시 산모가 먹었다'라고 기록되어 있다. 한편 6.25 전쟁 후 과거 우리나라의 산업이 낙후되어 있던 시절에는 외화벌이 수단으로서 가장 큰 역할을 담당하였던 바다에서 나는 수산물을 어획 또는 채취하여 수출을 하였는데 그 중에서도 미역은 일본에 많이 수출함으로서 국가경제의 회복에 크게 이바지하였던 것도 사실이다.

지금도 산모들이 삼칠일(21일) 동안 미역국을 먹기도 하는데 이렇게 먹는 이유는 미역이 산후에 늘어난 자궁의 수축과 지혈은 물론이고 조혈제로서의 역할을 하기도 하며 산후에 오기 쉬운 변비와 비만을 예방하고, 분만 중 출혈로 인한 철분과 임신 중 소실된 칼슘을 보충하는데 매우 효과적인 식품임이 과학적으로 입증됐다.

이처럼 미역이 우리 민족과 깊은 유대관계가 있는 이유는 미역이 삼면이 바다인 우리나라 모든 연안에서 잘 자라는 기후조건을 가지고 있고 자원량도 풍부하며 건조하기가 쉽고 건조시키면 장기간 보존이 가능하고 가벼워 운반이 수월하여 내륙지방 사람들도 쉽게 구할 수 있었기 때문으로 생각된다.

한편, 우리말에 '미역국 먹다'란 말이 있는데 이는 시험에 떨어지거나 일자리를 잃을 때 쓰이는 말로 이 말의 유래를 살펴보면 다음의 두 가지 설이 있다. 그 한가지 설로는 미역이 미끌미끌하고, 국을 끓여도 미끈거리니까, 시험에 미끄러지는(떨어지는) 것과 연관시켜서 사용되었다는 것으로 중요한 입사시험이나 면접을 볼 때는 미역국을 먹지 않는 속설이 생기게 되었던 것이다. 또 다른 하나의 설은 1907년 조선의 대한제국군이 일본군과의 싸움에서 패해 강제 해산(解散)당하면서 직업과 나라를 잃은 설움을 가진 군인들이 마치 아이를 낳을 때 쓰는 말인 해산(解産)과 소리가 같아 출산 후 미역국을 먹는 풍속과 연관지어서 이 말을 사용하게 되었다고 한다. 여기에서 유래되어 '미역국 먹다'의 의미가 '일자리를 잃는다'는 뜻과 당시의 우리 조국의 가슴 아픈 역사를 상징하는 말로 사용되었다는 것이다.

미역과 관련된 또 다른 이야기로는 산모에게 줄 미역의 경우 값을 절대로 깎지 않으며, 미역을 파는 상인도 산모용 미역(판미역에 해당함)을 줄 때는 절대로 꺾지 않고 새끼줄로 묶어주는 풍습이 지금도 전해지고 있는데, 이는 미역의 값을 깎으면 태어나는 아기의 수명이 줄어든다고 생각하고, 미역을 꺾어서 주면 산모가 난산을 한다는 속설이 있기 때문이라는 것이다.

『자산어보』에서는 미역을 해대(海帶)라고 표현하고 있는데 "크기는 열자(약 3m) 정도로서 한 뿌리에서 잎이 나오고 그 뿌리 가운데서 한 줄기가 나오며, 그 줄기에서 두 개의 날개가 나온다. 그 날개 안은 단단하고 바깥쪽은 부드러우며, 주름이 도장을 찍은 것과 같고, 그 잎은 옥수수잎과 비슷하다. 1~2월에 뿌리가 나며 6~7월에 따서 말리는데 뿌리의 맛은 달고 잎의 맛은 담담하다. 임산부의 여러 가지 병을 고치는데 이보다 나은 것은 없다. 「본초강목」에서는 해대는 해조를 닮았으나 거칠고 부드럽고 질기며 길다고 하였으며, 이를 먹으면 주로 성장을 재촉하고 부인병을 고친다 했는데 이는 곧 이 미역이다"라고 기술하고 있다.

「식물본초」에서는 미역을 군대채(裙帶菜)라고 불렀는데 이것의 뜻은 치마가 흘러내리는 것을 막기 위해 허리에 두르는 띠를 말하는 것으로 미역이 마치 이러한 띠를 닮았다고 해서 불리는 것이다. 또한, 미역은 여성의 적백대하, 남성의 몽정과 유정을 치료한다고 하고, 「현대실용중약」에서는 수종, 임질, 각기병, 갑상선종, 만성기관지염, 기침을 치료하고, 다시마와 같이 다양한 약효가 있다고 하였다.

미역을 한방에서는 해채(海菜), 감곽(甘藿), 자채(紫菜), 해대(海帶) 등으로 매우 다양하게 불렀으며 귀중히 여겼다고 한다. 『동의보감』에서는 "해채는 성질이 차고 맛이 짜며 독이 없다. 효능은 열이 나면서 답답한 것을 없애고 기(氣)가 뭉친 것을 치료하며 오줌을 잘 나가게 한다"고 기술했다.

민간에서는 치질, 변비, 고혈압, 동맥경화, 갑상선종, 연주창, 고환의 팽창과 통증, 부종 등에 응용하며 담을 제거하고 딱딱한 덩어리를 부드럽게 하며 혹을 줄이고 이뇨효과가 있다고 한다.

한편, 조선왕조실록에서는 미역을 뜻하는 글자로 '곽(藿)'이라는 한자를 사용하고 있으며 미역류를 표현하는 용어에는 해곽(海藿) 혹은 곽, 부곽자(夫藿者), 분곽(粉藿), 사곽(私藿), 진곽(陳藿), 해채이(海菜耳) 등과 같은 것이 나타나 있다.

다. 영양적특징과 먹는 방법

미역(건미역)의 식품 성분 중 단백질은 20.3%, 당질은 34.5%, 회분은 27.0%가 들어있고, 미네랄성분이 풍부해서 강한 알카리성 식품이면서 섭취하였을 때 알긴산과 같은 난소화성 탄수화물의 함량이 높아 이상적인 다이어트식품이면서 변비 및 대장암을 예방효과도 있다. 미역은 다른 해조류와 마찬가지로 지방함량이 아주 낮고 비타민 B군 중 나이아신의 함량이 높다.

칼륨도 건미역 1백g당 5g쯤 들어 있는데 염분을 소변으로 배출시키는 역할을 하며, 칼슘(미역 1백g당 1g)은 골격과 치아 형성에 필요한 성분이며 산후 자궁의 수축, 지혈에 효과적이다. 요오드(1백g당 1백㎎)는 갑상선 호르몬을 만드는 데 필요하고, 암 발생을 억제하는 셀레늄이 많이 들어있다.

미역에는 식이섬유소의 함량이 높아 이러한 식이섬유소가 대장암, 변비, 콜레스테롤증, 비만과 당뇨에 대한 위험을 감소시키는 건강과 관련된 여러 가지 질환에 긍정적인 효능이 확인되었고, 그 외에도 면역관련 활성과 항산화활성도 있는 것으로 확인되었다.

또한, 후코산신의 함량이 높은데 이는 갈조류의 주요한 기능성색소이며, 전립선암의 성장을 억제하는 효과가 있고 항비만과 항염증활성이 있는 것으로 보고되었다.

일반적으로 미역을 먹는 방법으로 마른미역의 경우, 일정시간 물에 불려야만 되고 불리기가 잘못되면 다소 딱딱할 수 있기 때문에 불편을 느낄 수 있어 충분히 불려야 하는데 너무 오래 두거나 물의 온도가 높으면 알긴산이 추출되어 맛이 떨어질 수 있다. 염장미역의 경우, 생미역을 뜨거운 물에 살짝 데친 다음 소금에 염장하여 시판하는 것이기 때문에 먹을 때에는 소금기를 흐르는 물에 몇 번 헹구어 주어야 소금기를 제거할 수 있다.

우리나라에서 생산되는 미역가공품으로는 마른미역, 염장미역, 세절미역 등이 있는데, 과거에는 주로 마른미역 중에서 판미역(마치 빨래판과 같이 길고 넓게 펴서 말린 미역)이 주종이었으나 요즈음에 와서는 핵가족화 등으로 인하여 먹기 편하게 잘게 잘라진 마른미역이나 염장자숙미역이 많이 시판된다. 또, 판미역중에 회(灰)미역이라는 것도 있는데 이는 판미역으로 그대로 보관할 경우 수분이나 햇빛 등으로 인해서 미역이 탈색되어 상품성이 떨어지는 것을 방지하기 위해서 표면에 재를 뿌려줌으로서 장기보관과 유용성분의 유실을 막는 것으로 선조들의 지혜를 엿보게 된다.

좋은 미역을 구별하는 방법으로는 전체적으로 색이 검은색이거나 암갈색으로 선명하며 끝 부위가 노랗게 변하지 않아야 하고, 잡태 섞이지 않고 찢어진 부위가 없는 것이 좋은 상품이다.

간혹 미역 밑부분에 있는 소위 '미역귀'라고 하는 것을 별도로 채취하여 말려서 팔고 있는데 이것을 술안주나 간식거리 용도로 짭짤하고 단맛이 있고 특히 항암활성이 있는 것으로 알려진 후코이단이라고 하는 다당류의 함량이 특히 많다고 한다. 게다가 다이어트에 좋다고 알려져 말린 미역귀를 그대로 즐겨먹는 사람이 간혹 있는데 몸에 좋다고 너무 많이 먹으면 큰일이 날 수도 있다. 이는 마른 미역이 몸속에 들어가 수분을 흡수하게 되면 수배 내지 많게는 10배 정도까지 부풀어지기 때문에 장에 심각한 장애를 줄 수 있으므로 이것을 충분히 감안해서 먹는 것이 좋겠다.

미역은 대부분이 건미역이나 염장미역의 형태로 시판하고 있으나 일부는 생미역으로 출하되어 무침이나 국의 재료로 사용되고 있으며, 최근에는 미역차, 미역국수 혹은 생선소스로서 개발되어 다양한 형태로 식용되고 있으며, 다양한 기능성물질이 발견되어 앞으로 더 많은 이용가능성을 가지고 있는 대표적인 해조류중의 하나이다.

일본에서는 미역을 와카메(和布), 중국에서는 하이차이(海菜)라고 부르는데, 특히 일본에서는 미역을 이용한 요리법이 너무나도 많아 일일이 나열하기 힘들 정도이고, 각종 반찬이나 각종 음식을 만드는 재료로 쓰이거나 제과용품 등뿐만 아니라 각종 건강기능식품과 미역을 이용한 다양한 응용제품이 시판되고 있다. 한편, 중국에서는 생산량이 전 세계에서 가장 많음에도 불구하고 해안지방의 사람들을 제외하고는 아직도 해조류가 그다지 익숙지 않는 식재료로 인식되기 때문에 생산되는 대부분의 미역은 알긴산이나 만니톨, 후코이단 등과 같은 산업적으로 유용한 성분의 추출소재로서 많이 사용되고 있다.

미역은 우리 국민이 가장 즐겨 먹는 해조류이지만 미역을 먹는 나라는 한국, 중국과 일본 외의 국가에서는 바다에서 나는 잡초쯤으로 여긴다. 그러나 미역을 적게나마 먹는 사람들이 있는데 러시아 극동지방인 블라디보스톡 지역사람에 사는 사람들로 해조류를 영양식으로 전통적으로 먹어 왔고, 이 지역에서도 특히 미역이 건강기능식이라는 것이 최근에 알려지면서 소비량이 조금씩 증가하기 시작하고 있다고 한다.

2) 구멍쇠미역

가. 생태

구멍쇠미역은 갈조류로 다시마과에 속하며, 학술명은 *Agarum cribrosum*이다. 엽상부는 타원형으로 크기는 30~60cm이고, 폭은 20~30cm이며, 기부는 심장형이고 파상으로 주름이 생긴다. 엽면에는 크고 작은 구멍이 무수히 많은데 엽상부의 가운데 부분이 크고 가장자리나 아래쪽의 부분이 작다. 서식수심은 점심대의 깊은 곳에 나고, 분포지역은 우리나라 동해안 중부 이북지방에 분포한다.

나. 구멍쇠미역에 얽힌 이야기

구멍쇠미역은 이름에서도 알 수 있듯이 미역에 수많은 구멍이 뚫려 있다고 해서 불려진 것으로 추정되며, 독특한 외형을 가지고 있어 일반인들도 쉽게 구별이 가능하다. 구멍쇠미역은 비교적 최근에 식용으로 이용하기 시작되면서 일부 양식이 시도되고 있어 동해안 어민들의 새로운 소득원으로서 기대되는 종류이다. 구멍쇠미역은 채취할 때는 갈색인데 건조하면 흑색으로 된다.

이러한 외형적인 특징 때문에 일반 미역과는 확연히 차이가 나 이것을 식용으로는 한다는 과거의 자료를 찾기 어려운데 그 이유는 구멍쇠미역은 수심이 깊은 곳에서 서식하다 보니 일반 미역에 비해 채취하기가 힘들고 파도에 떠밀려 온 구멍쇠미역의 상태가 그다지 좋지 않았기 때문에 식재료로 잘 사용되지 않았을 것으로 생각된다.

다. 영양적특징과 먹는 방법

구멍쇠미역의 식품학적 영양성분의 분석에 대한 자료가 거의 되어 있지 않는 것은 구멍쇠미역이 수심이 깊은 곳에서 자라 쉽게 채취할 수 없기 때문이고 또 그동안 통상적으로 섭취정도가 잘 알려져 있지 않는 식품인 경우에는 분석대상에서 제외되기 때문이다. 그러나 최근에는 구멍쇠미역을 먹는 소비자들 늘어나고 있고, 강력한 항산화활성이 확인되었으며, 장 기능개선 효과(변비해소)와 식이섬유와 미네랄 등의 유용성분이 풍부해서 비만억제, 고지혈증 효과가 있다는 연구가 나타나고 있어 이들의 이용방법과 활용가치를 늘리는 방안을 강구할 필요가 있다고 생각한다.

3) 넓미역

가. 생태

넓미역은 갈조류로 미역과에 속하고, 학술명은 *Undaria peterseniana* 이다. 크기는 10~30cm에 달하고, 폭은 10~15cm이며, 잎은 넓고 쐐기꼴 또는 심장형으로 좁은 날개가 있는 원기둥 모양의 줄기가 있고 그 위로 넓고 길게 펼쳐진 부분이 있다. 색깔은 갈색이며 서식수심은 조하대에서 자라고, 분포지역은 제주도 등지에 분포하며 조용한 곳에서 서식하는 곳에서 간혹 대규모로 발견되기도 하고 생활사는 미역과 거의 동일하다.

나. 넓미역에 얽힌 이야기

제주도의 우도 등의 점심대의 깊은 곳에서 많이 나는데 '넓메역'이라고 부르며, 미역의 양식이 시작되기 전인 1970년대 이전에는 우도의 넓미역은 인기 품목 중의 하나였다고 한다. 넓미역은 우도의 조류가 빠른 해역과 깊은 수심에서 서식하기 때문에 쉽게 채취하기가 힘들며, 주로 배를 타고 이동하면서 갈퀴로 채취하였다. 넓미역은 형태적으로 보면 미역과는 전혀 다르고 마치 다시마에 가깝다고 할 수 있다.

다. 영양적특징과 먹는 방법

넓미역은 산후미용에 좋고 성인병 예방에 우수한 식품으로 노화방지와 두뇌발달에 관여하는 갑상선 호르몬의 재료가 되는 요오드가 다량 함유되어 있다. 또 미역과 마찬가지로 머리를 맑게 해주고 피로회복에 효과적인 칼륨이 다량 들어있고 현대인의 신체에 축적된 유해물질을 제거하는 효능을 가지고 있어 매일 식용하면 콜레스테롤 수치를 낮출 수 있으며 미네랄과 각종 비타민의 함량이 높아 많이 먹어도 살이 찌지 않고 영양을 듬뿍 섭취할 수 있는 최고의 다이어트 식품이다.

먹는 방법으로는 기름에 튀기거나 스프로 끓여 먹었으며, 물과 설탕으로 양념하고 식초에 담가 장기간 저장하여 먹기도 한다. 제주도에서는 제사나 생일일 때 미역 대신에 넓미역을 나물이나 국거리로 해서 많이 먹는다고 한다.

4) 미역쇠

가. 생태

미역쇠는 갈조류로 고리매과에 속하며, 학술명은 *Endarachne binghamiae*이다. 짧은 댕기모양으로 가운데가 넓고 양끝으로 갈수록 조금씩 좁아지며 가장자리는 매끈하고 외가닥으로 전체가 물결처럼 꾸불꾸불하다. 단추모양의 기부에서 여러 개가 모여서 나며, 크기는 25cm이고, 폭은 2~3cm 정도이며 하부는 쐐기꼴이다. 색깔은 어릴 때는 황갈색이나 나이가 들면 암갈색으로 되며 서식수심은 조간대로 겨울철에 군락을 이루어 번식하고, 우리나라 중부 이남 해안 각지에 분포한다.

나. 미역쇠에 얽힌 이야기

김보다는 약간 폭이 넓고 향미는 김과 다시마의 향을 골고루 가지는 갯내음 향이 있으며 특유의 쓴맛과 짠맛이 비교적 강한 것으로 알려져 있다.

다. 영양적특징과 먹는 방법

우리나라에서도 해안가 일부에서 식용하고 있음에도 불구하고 그리

흔히 볼 수 있는 식재료는 아니기 때문에 그 영양적평가나 가치에 대한 자료가 별로 없지만 남해안 갯가에 가면 간혹 볼 수 있는 종류이다.

일본에서는 미역쇠를 겨울부터 봄에 걸쳐서 채집하고, 2cm 정도로 잘라서 천일건조하여 먹는데 해안가에서는 김의 대용품으로서 가정에서만 생산과 소비하지만 최근에는 고급식재료로서 취급되고 있다고 한다. 생산량도 적고 대부분이 현지에서 소비되기 때문에 유통도 채집시기 외에는 거의 이루어지지 않는다. 정월 떡국에 없어서는 안 되는 식재료로 쓰이고, 미역쇠의 가격이 비싸기 때문에 김을 섞던지 분말로 만들어 밥에 얹거나 약간의 간장을 넣어 먹는다든지 하여 먹는다고 한다.

중국 산둥지방에서는 미역쇠를 돼지고기와 함께 잘게 잘라서 경단에 채우거나 스프형태로 해서 먹기도 한다.

5) 쇠미역

가. 생태

쇠미역은 갈조류로 다시마과에 속하며, 학술명은 *Costaria costata*이고, 영명은 Seersucker이다. 크기는 보통 6~20cm 정도이며, 잎의 모양은 길고 많은 구멍이 있으며 어릴 때에는 대나무 잎의 모양을 하고 있다. 성장하면 크기가 1~2m이고, 폭은 5~30cm 정도로 자라며,

색깔은 황갈색 또는 암갈색이고 서식수심은 저조선 이하 깊은 곳에 생육한다. 우리나라 동해안 중부 이북에 분포한다.

나. 쇠미역에 얽힌 이야기

쇠미역은 다시마과에 속하는 1년생의 온대성 해조류이며 옛날부터 중요시되어 왔던 알칼리성 식품이다. 쇠미역을 쇠미역사촌이라고도 부르는데 한류성으로 동해안 특산품으로 알려져 있다. 초겨울부터 자라는 미역보다 늦은 2월부터 모습을 나타내 해조류가 녹기 시작하는 6월까지 성장한다.

『자산어보』에서는 쇠미역을 가해대(假海帶)로 표현하고 있는데 이는 미역을 해대(海帶)라고 하는 것으로 미루어 보아 미역과 비슷하나 다소 다른 형태를 띤다는 것을 의미하는 것으로 "매우 무르고 잎이 얇으며 국을 끓이면 아주 미끄럽다"라고 하고 있다. 쇠미역은 현재 미역과 마찬가지로 완도 등지에서도 같은 방법으로 소량씩 양식되고 있으며 미역에 비해 높은 가격으로 판매되기도 했다고 한다.

다. 영양적특징과 먹는 방법

쇠미역은 튀각으로 쓰이며 그대로 말리거나 초무침 등으로 이용되며 우럭, 성게, 홍합, 가자미 등을 넣고 국을 끓여 먹기도 한다. 강원도 지역에서는 채취한 쇠미역을 쌈으로 해서 많이 먹는데, 다 자란 것은 두께가 두꺼우므로 다시마처럼 기름에 튀겨서 튀각으로 만든다. 쇠미역은 특유의 향과 조직감으로 인해서 봄철에 쇠미역을 쌈으로 해서 먹으면 봄철 입맛을 돋우는데 그만이라고 한다. 강릉 지역에서는 쇠미역쌈으로 쓰이는 쇠미역을 생것으로 이용하기도 하고 끓는 물에 살짝 데쳐서 쓰기도 한다.

12. 톳

가. 생태

톳은 갈조류로 모자반과에 속하며, 학술명은 *Sargassum fusiforme* 이고, 영명은 Seaweed fusiforme이다. 형태적으로 볼 때 톳은 뿌리 부분에서 끈 모양의 줄기가 여러 개 나오며, 가지는 아주 짧고 그 가지에 여러 개의 잎과 꼭대기가 부풀어서 짧은 곤봉 모양의 속이 비어 있는 기포를 가진다. 크기는 20cm~1m이며, 잎은 하부에서만 볼 수 있고, 서식수심은 조하대이다. 분포지역은 우리나라 전 해안에 걸쳐 골고루 분포하고 제주도와 서남해안에서 많이 나지만 거의 대부분은 전남지방에서 양식으로 생산된다.

나. 톳에 얽힌 이야기

톳은 식품으로서 사용될 뿐만 아니라 우리나라를 비롯하여 중국, 일본 및 동남아시에 등지에서는 약용으로도 사용되어 왔다. 일본에서는 주로 양식은 잘 하지 않고 자연산을 채취하여 사용하지만, 우리나라에서는 주로 양식을 통해서 채취한다.

『자산어보』에서는 톳을 토의채(土衣菜)라고 하였는데 "크기는 8~9자

(2.4~2.7m) 정도이며 한 뿌리에 한줄기가 난다. 줄기의 크기는 새끼줄 같으며, 잎은 금은화의 꽃망울을 닮아 가운데가 가늘고 끝이 두툼한데, 그 끝은 날카롭고 속이 비어 있다. 번식하는 지대는 지충이와 같은 층이며, 맛은 담담하고 산뜻하여 삶아 먹으면 좋다"라고 하고 있다.

톳은 양서채(羊栖菜), 옥해조(玉海草), 약채(藥菜), 록미채(鹿尾菜)라고도 불리며, 자연산 톳은 고가로 전량 일본에 수출되기 때문에 고소득 수출품종의 하나이다. 우리나라 최남단 섬인 마라도에서도 톳은 '돈이 되는 바다풀'이라 하여 많은 음력 2월을 전후로 하여 채취가 많이 이루어지고 있다.

톳은 탄닌을 많이 함유하고 있어 철로 된 솥에서 삶아서 탄닌류를 제거하고 부드럽게 만들어 천일건조하여 수출한다. 생톳을 해변에서 그대로 말린 것을 소건 톳이라고 하며, 때에 따라서는 소금에 염장하여 염장 톳으로도 가공하여 수출한다.

다. 영양적특징과 먹는 방법

자숙된 톳의 주요 식품성분으로는 조단백질 6.2%이고, 단백질이 59.7%이고 회분은 17.5%이며 또한 칼슘이 1,250mg이고 철은 47.0mg이 함유되어 있다. 그 외에도 식이섬유가 풍부하며, 비타민 A와 비타민 B_1, B_2, 비타민 B_3 등을 많이 함유하고 있어 단순히 식품으로서만이 아니라 건강미용식으로도 이용의 확대가 기대되고 있다.

톳에는 후코산신 색소나 플로로탄닌과 같은 생리활성을 나타내는 2차 대사산물 뿐만 아니라 단백질과 탄수화물이 풍부하다. 또 미네랄 중 철, 구리 및 마그네슘 함량이 높은데 대부분의 해조류와 마찬가지로 지방 함량은 낮지만 함유된 지방성분 중에는 성인병 예방과 두뇌발달에 도움을 주는 것으로 알려져 있는 고도불포화 지방산인 EPA(eicosapentaenoic acid)가 풍부한 것으로 알려져 있다.

 옛날부터 톳은 전이나 무침과 같은 형태로 우리들의 반찬용으로 많이 이용해 왔으며, 제주도에서는 톳을 살짝 데친 후 자리돔젓과 함께 반찬으로 사용하였다. 또 보리쌀과 톳을 섞어지어 만든 톳밥으로 이용하기도 하여 톳을 생활속에서 다양하게 활용하고 있으며, 최근에는 해조샐러드의 원료로서 사용됨으로서 수요가 증가되는 추세이다.

 우리나라에서는 톳을 나물로 해서 먹거나, 된장을 풀어서 냉국으로 만들어서 먹기도 하였으며 때에 따라서는 톳을 넣어 톳밥을 해서 먹거나 파래, 톳과 보리쌀 등과 섞어서 밥을 지어먹는 구황식품중의 하나였다.

 일본에서는 칼슘, 칼륨, 마그네슘, 아연 등을 풍부히 함유하는 영양가가 높은 해조류로 알려져 있으며, 무침, 샐러드, 조림, 톳밥의 형태로 매우 다양하게 먹는다.

 또한, 최근에는 톳에서 항돌연변이 및 항암물질이 함유되어 있는 것으로 알려져 건강기능성에 대한 기대가 높은 해조류 중의 하나이다.

13. 패

가. 생태

패는 갈조류로 패과에 속하며, 학술명은 *Ishige okamurai*이고, 패과에는 패와 넓패의 2종이 있다. 크기는 다 자라면 5~10cm 정도까지 성장하고, 색은 암갈색이며 건조되면 흑색으로 변하고 육질은 단단하다. 서식수심은 조간대 중부의 암상에 군락을 이루며, 우리나라에서는 남부 해안 각지에 분포한다.

나. 영양적특징과 먹는 방법

우리나라에서는 식용으로 하는데 삶아서 보관하면서 국을 끓여 먹으며 씹는 맛이 일품이다. 섬이나 해안가 사람들은 패를 된장국 끓일 때 같이 넣어 먹는다고 하며, 제주지방에서는 밥을 지을 때 같이 넣어 패밥으로 해 먹는다고 한다. 중국의 남부나 동부해안가의 사람들은 패의 엽체를 말려서 향신료로 사용하거나 건조된 넓패를 쪄서 간장과 함께 끓여서 먹고, 일본에서는 무침 등의 요리재료로 사용된다. 주로 구황식물로 사용된다.

제3절 홍조류

14. 갈래곰보

가. 생태

갈래곰보는 홍조류로 끈절살과에 속하며, 학술명은 *Meristotheca papulosa*이고, 영명은 Seaweed papulosa이다. 크기는 10~30cm이고, 폭은 1~5cm이며, 닭 벼슬과 유사한 형태를 가지는 해조류로 성장에 따라 체형의 변화가 심하다. 바다에 부착하기 위한 작은 쟁반 형의 뿌리를 가지고 있으며, 몸은 납작한 모양으로 불규칙하게 엇갈린 형태로 갈라지고 표면에 작은 돌기가 흩어져 난다. 여러해살이 해조류로 썰물 때 바닷물의 경계선에서 수심 10m 이상 내려간 깊은 곳에서 산다. 뿌리, 줄기와 잎이 명확히 구분되지 않는 엽상체(葉狀體)이며 전체가 잎으로 기능하여 물과 양분을 흡수하고 광합성을 하고 분홍색 또는 짙은 붉은색을 띤다.

나. 갈래곰보에 얽힌 이야기

갈래곰보는 우리나라에서는 제주도 특산종으로 해조샐러드로 주로 이용되거나 일식 및 중화요리의 고급식재료의 형태로 식용되고 있다. 생산량은 연간 100톤 내외로 거의 대부분이 일본에 고가로 수출되며 양식기술 개발에 의한 대량생산이 필요한 품종이다.

채취시기는 늦가을에서 봄까지가 제철이며 이후에는 뻣뻣해져 맛이 떨어진다. 우리나라에서는 주로 제주지역에서 자연상태의 갈래곰보를 직접 채취하여 전국으로 판매하거나 일본 등지로 수출한다. 비교적 깊은 곳에 서식하며 이것을 얼마나 잘 채취하는가에 따라 해녀의 기량을 평가한다고도 하는데, 최근에는 바다속의 바위 표면에 석회조류에 의해 하얗게 되는 백화현상이나 엘니뇨 및 기후변화 등으로 인한 수온상승으로 생산량이 점차 줄어들고 있는 추세에 있다.

다. 영양적특징과 먹는 방법

생 갈래곰보는 거의 수분이 93.5%로 거의 대부분을 차지하지만 말린 갈래곰보의 경우에는 단백질함량이 16.6%로 그 중에서 단맛과 관련된 아미노산인 글루탐산, 아스파르트산, 글리신 및 아르기닌이 매우 풍부하며 피로회복에 관련된 아미노산인 타우린도 함유되어 있는 고단백질 식품이다. 칼로리가 매우 낮고 식이섬유가 풍부한 다이어트 식품으로 주목할 만하며, 특히 중국 요리나 무침으로 많이 요리된다.

갈래곰보는 해안가에서 직접 채취하거나 해녀들의 잠수를 통해서 채집된 것은 대부분은 그대로 말려서 보관하며, 먹을 때는 온수에 불려서 그대로 먹는다. 횟집에 가면 생선회 밑에 장식용으로 무나 천사채(이것은 알긴산으로 만든 투명한 국수형태의 제품)라고 하는 것을 깔아 놓기도 하는데, 간혹 고급일식집에 가 보면 이것들을 대신해서 초록색 또는 붉은색의 해조류를 접시 위에 깔고 회를 올려 놓은 것을 볼 수가 있는데 이것이 바로 갈래곰보인 것이다. 일본에서는 주로 해조 샐러드나 생선회에 곁들이는 재료로 사용되지만 아직 자연산에 전적으로 의존하고 있는 실정이다.

15. 꼬시래기

가. 생태

꼬시래기는 홍조류로 꼬시래기과에 속하며, 학술명은 *Gracilaria verrucosa*이고, 영명은 Sea moss이다. 크기는 5~20cm이고, 직경은 1~2mm이며, 가지가 상당히 촘촘하게 나고 기부와 끝이 가늘다. 색은 자갈색, 녹색 또는 황색을 띠고, 건조시키면 암갈색으로 되며 조체의 질감은 연골질이다. 서식수심은 조간대 모래뻘 속의 돌 또는 조개껍질 등에 착생하며, 담수가 유입되는 곳에는 매우 큰 군락을 이룬다. 우리나라 전 연안에 자생하며 세계 각지에 널리 분포한다.

나. 꼬시래기에 얽힌 이야기

전 세계적으로 꼬시래기를 이용하는 국가로는 동남아시아, 남미, 프랑스, 캐나다 등의 나라에서는 한천을 만드는 원료로 사용하거나 식용하고 있으며, 인도네시아에서는 약용으로도 이용한다고 한다. 우리나라의 경우에는 꼬시래기가 과거에는 한천의 원료로 각광을 받았으나 지금은 우뭇가사리에 밀려 공업적으로는 거의 이용되지 않고 있지만 전 세계적으로 볼 때는 한천을 생산하는데 60%가 꼬시래기에서 추출하고 있다. 우리나라의 경우 서해안이나 남해안 일부 지역에서만 식용으로 이용되며 거의 대부분이 자연채집에 의존되기 때문에 생산량은 미미한 수준이다.

한방에서는 약용으로 사용하는데, 단맛과 짠맛이 나며 약의 성질은 차다고 한다. 청열(淸熱), 화담연견(化痰軟堅), 이수(利水)에 효과가 있다고 한다. 「본초강목」에서는 꼬시래기를 '용수채', '강리'라고 하며, 또는 '해채' 또는 '선채'라고도 불리고, 맛은 달며 성질은 차고 독이 없으며 소변을 배출시키고 내열을 제거하는 것으로 기록되어 있다.

다. 영양적특징과 먹는 방법

꼬시래기의 성분 중에서 수분을 제외하고 탄수화물이 가장 풍부하여 식이섬유 함량이 높으며, 무기질 중에서 칼슘과 철의 함량이 높다.

뜨거운 물에 데치면 피코빌린 색소가 파괴되고 엽록소만 남아 매우 고운 연두색으로 변한다. 이것을 양념과 더불어 살짝 식초를 넣어 무침으로 하여 나물로 먹는데 꼬들꼬들한 식감과 단맛이 있으면서 새콤하고 부드러운 맛이 일품이다. 이외에도 꼬시래기는 우뭇가사리와 혼합하여 한천의 재료로 사용되거나, 참치회의 안주로서도 이용되고 있다. 꼬시래기를 알카리와 열탕으로 처리하기 때문에 진한 초록색을 띠어 녹조류라고 생각하는 사람들도 많은데, 엄연히 홍조류에 속한다.

최근에는 꼬시래기가 발육촉진과 노약자들의 골다공증 예방에 좋고 체내 중금속 배출 등에도 효능이 있으며, 고혈압, 당뇨 등 성인병 예방과 변비에도 효과가 있어 다이어트식품으로도 알려져 있다. 또한, 최근에는 항균, 항암, 할항전제로서의 가능성을 보여 천연약재로서의 가능성을 보이고 있다.

꼬시래기를 삶은 자숙액은 우뭇가사리와 같이 냉각해도 엉기는 성질이 없어 한천의 품질을 개량시키는데 쓰였으나 제2차 세계대전 이후 꼬시래기의 성분을 알카리로 처리하면 우뭇가사리처럼 엉긴다는 성질이 밝혀져 한천 생산에 활용되게 되었다.

일본에서는 식품으로 많이 이용하고 있고, 인도네시아에서는 약초로도 활용된다.

꼬시래기는 배고픈 시절을 견디게 해준 구황 바닷말이자, 늦봄부터 초여름에 이르는 계절 별미거리이기도 하였다.

그 밖에 우리나라에 서식하는 꼬시래기과에 속하는 유사 종들에 대해 살펴보면 다음과 같다.

잎꼬시래기의 학술명은 *Gracilaria textorii*이고, 몸은 연골질로 곧은 끈 모양으로 불규칙하게 가지를 많이 내고 모여 있어 다발을 이룬다. 크기는 10~20cm이며, 폭은 2~3cm이다. 색깔은 적갈색으로 서식수심은 조간대 바위에 생기고 때로는 바위틈의 그늘진 곳에 있다.

주로 식용 또는 풀로 이용되거나 한천제조용으로 사용된다.

〈잎꼬시래기〉

개꼬시래기의 학술명은 *Gracilariopsis chorda*이고, 외해에 면한 조용한 점심대에서 주로 발견되며 한천원료로 이용된다. 굵기는

2.5mm 또는 그 이상이며, 원주상이고 주축은 뚜렷이 구별된다. 가지는 중심가지에 서로 엇갈리게 자라고 매우 길며 끝으로 갈수록 점차 가늘어지며, 대체로 작은 가지는 없으나 때에 따라서는 짧은 사상의 작은 가지가 있다. 늙은 조체의 질감은 연한 연골질이고 부러지기 쉬우며 종이에 잘 붙지 않는다.

〈개꼬시래기〉

전남 장흥에서는 양식시설물에 자생하는 개꼬시래기를 채취하여 백화점 등에 고가로 판매하는데 돈을 만드는 해조라고 하여 '금초'로 부르기도 한다. 김과 미역과 같은 소수 양식종을 대체할 수 있고 어업인에게 새로운 소득원이 될 수 있는 새로운 품종이 되고 있다.

16. 김류

 김은 우리나라 수산업에서 매우 중요한 수산물 품목중의 하나로 전 세계에 널리 분포하고 약 50종이 기록되어 있고, 우리나라에서는 10여종이 보고되고 있다. 몇 년전부터 김은 한류와 K-푸드의 열풍이 불면서 동남아 및 미국 등과 같은 서구사회에서도 김을 다이어트나 건강식품으로 인식하게 되면서 그 소비량이 급격히 증가하고 있는 추세이다. 이에 따라 생김의 생산량도 더불어 증가하게 되어 2019년의 생산량은 60만톤 이상이 되었다.
 김속(genus *Pyropia*)은 홍조식물문의 김파래과에 속하는 것으로 열대에서 한대에 이르기까지 전 세계의 해안에 널리 분포한다. 김속에 속하는 식물은 형태적으로 매우 단순하며, 엽체는 다수의 가근세포가 서로 엉킨 소형부착기로 이루어져 바위나 다른 해조류 또는 해산동물 등에 부착한다.
 현재까지 우리나라 연안에 생육하는 것으로 보고된 김속 중 가장 대표적이면서 산업적으로 활용도가 높은 김은 잇바디돌김(*P. dentata*),

모무늬돌김(*P. seriata*), 둥근돌김(*P. suborbiculata*), 참김(*P. tenera*) 및 방사무늬김(*P. yezoensis*) 등을 들 수 있다.

이 중에서 현재 우리나라 해역에서 양식되고 있는 종으로는 참김, 방사무늬김, 모무늬돌김 및 잇바다돌김이 있다. 참김은 우리나라와 일본에서 옛날부터 양식되어 온 주요 품종이었으나 환경적응성이 약하여 인공채묘가 시작된 이후 양식면적이 점차 줄어들어 최근에는 거의 양식되고 있지 않다. 그리고 자연산도 점차 사라지고 있어 통영, 하동, 진도 등 극히 일부 지역에서만 생육이 확인되고 있으며, 일본에서는 멸종위기종으로 지정된 상태이다.

김은 대표적인 해조류 제품으로 마른 김에 사용되는 원료김의 경우 과거에는 대부분이 참김과 방사무늬김이 대부분이었으나, 근년에 와서는 양식산 참김을 생산하는 어가는 거의 없고 일부 자연산만이 채취되는 정도이다. 양식에 사용되는 주된 종류로는 방사무늬김, 모무늬돌김, 잇바다돌김의 세가지 종류인데 자연산으로 생산되는 김은 전체 생산량의 1% 정도에 지나지 않는다.

다음은 우리나라에서 서식하는 대표적인 몇 종류의 김에 대하여 간략히 설명하고자 한다.

1) 참김

가. 생태

참김은 홍조류로 김파래과에 속하며, 학술명은 *Pyropia tenera*이고, 영명은 laver이다. 크기는 5~50cm까지 성장을 하며, 몸체의 상부는 적갈색이고 하부는 청록색이다. 형태는 쟁반 또는 방석모양의 아주 작은 헛뿌리에서 나와 긴 타원형, 난형, 대나무 잎 모양 등의 잎사귀 모양으로 퍼져 자라며 주로 광택이 나는 적갈색을 띠지만 때에 따라서는 색깔이 조금씩 달라진다. 표면을 보면 몸은 무딘 세모꼴이나 네모꼴 혹은 원형 등 비교적 일정한 모양으로 이루어져 있으나 헛뿌리 쪽으로 가면서 숟가락 모양으로 변하고 매우 촘촘하게 배열되어서 몸을 단단하게 기질에 부착시켜 준다.

참김의 채취시기는 1~2월이 최성기이고, 3~4월이 지나면 맛이 없어지고 품질이 떨어지며, 김의 엽상체는 겨울철에 잘 자라기 때문에 김은 겨울에 생산된 뒤 바로 가공하므로 세포가 살아 있어 맛과 질은 겨울에 먹는 것이 가장 으뜸이다.

나. 참김에 얽힌 이야기

우리나라는 옛날부터 김, 미역, 다시마 등과 같은 해조류를 귀하게 여겼으며 생산되는 해조류의 품질도 좋았기 때문에 신라시대에는 우리나라의 김, 미역, 다시마를 말린 것이 중국으로 수출되었다는 기록이 있다. 또, 600백년전에 기록된 「경상도지리지(慶尙道地理志, 1424~25년)」에 동평현(東平縣), 울산현(蔚山縣), 동래현(東萊縣), 장기현(長鬐縣), 영일현(迎日縣), 영해도호부(寧海都護府)의 토산공물부(土産貢物簿)에서 해의(海衣)라는 이름으로 김에 대한 내용이 실려 있다.

「동국여지승람(1478년)」에도 전남 광양군 태인도의 토산품으로 기록돼 있는데, 태인도는 섬진강 하구의 간석지에 위치한 섬으로서 자연적으로는 돌김이 생산되지 않는 곳이기 때문에 인공적으로 김 양식이 이때부터 시작된 것으로 추측된다.

김에 대해 구전으로 전해오는 이야기로는 조선 인조때 '김여익'이라는 사람이 1636년 병자호란 당시 의병을 일으켜 투쟁하다 임금이 항복했다는 소식을 듣고는 방황하다 1640년 태인도에 들어가 살면서 해변에 표류해 온 참나무가지에 김이 붙은 것에서 암시를 얻어 대나무 또는 차나무 가지를 간석지에 세우면서 섶양식이 시작되었다고도 한다. 그는 이때 생산된 김을 하동장에 내다 팔면서 마을 사람들이 이것을 '태인도 김가가 기른 것'이라는 뜻으로 '김'이라고 부른 것에서 유래하여 오늘날 '김'의 어원으로 되었다고 한다.

그 후 김 양식은 조선 헌종과 철종때 오늘날의 수평식 발의 원형인 염홍(簾篊)이 발명되었는데 이는 전남 완도에서 '정시원'이라는 사람이 어전이라는 어구에 김이 붙는 것을 보고 대발의 한쪽은 바닥에 고정시키고 다른 한쪽을 물에 뜨도록 하는 반부동식의 김발을 창안했다고 한다.

또, 「조선의 수산」이란 책을 쓴 정문기는 조선 김의 역사는 2백년 전 전남 완도에서 방렴(防簾)이란 어구에 김이 착생한 것을 발견하고는 편발을 만들어 양식한 데서 비롯되었다고 기록하였다.

이렇듯 우리나라에서 김 양식이 처음 시작된 것은 15세기에 시작되었던 것으로 추정할 수 있으며, 19세기 중엽에 오늘날 뜬발의 원형인 떼발이 개발되었다. 이것은 일본보다 섶 양식법은 80년, 수평발로서는 100년을 앞선 것으로 일본의 문헌에도 기록되어 있다고 한다.

조선말에 김 양식법에는 섶 양식법과 염홍 양식법이 있었는데, 섶양식은 대나무 또는 참나무 등을 간석지에 세워서 양식을 한 것이고, 염홍은 대나무를 3m 정도의 크기로 쪼갠 후 이들을 새끼로 엮어서 크기 50m가 되도록 발을 만든 후 발의 한쪽은 3m 간격으로 세운 말목에 다소 비스듬하게 고정시키고 다른 한 쪽은 간망의 차에 따라 해면에 부유하도록 한 것으로, 염홍양식에 의한 김 수확은 섶 양식에 비해 훨씬 많았다고 한다.

우리나라 양식 김 생산은 1907년경 일본식 제법이 도입되면서 김 생산량은 지속적으로 증가하여 1942년에는 90% 이상이 일본에 수출되었다. 그러나 해방 후 김의 일본수출이 중단되면서 김 양식은 오히려 위축되었다가 1960년대 초 인공채묘가 시작되고, 70년대 중반 일본에서 다수확 품종인 큰 참김과 큰 방사무늬김이 사상체 형태로 도입되면서 수확량이 크게 증가하게 되었다.

1970년대에는 무노출식 김발인 뜬흘림발이 차츰 보급되었는데, 노출방식을 여러 형태로 고안하여 오다가 완도지방에서는 그물발 밑에 직경 30cm 정도의 스티로폼 뜸을 달아 상하로 뒤엎는 방식으로 노출을 조절할 수 있는 독창적인 방법이 개발되어 획기적으로 생산량이 증대되면서 이 일대에 널리 보급되어 있는데, 이는 일본에서도 고안된 바 없는 독창적이고 편리한 방법으로 알려져 있다.

1970년대에는 우스갯소리로 완도지방에는 길거리에 다니는 개도 돈을 물고 다닌다고 할 정도로 그 지방과 국가의 경제를 뒷받침할 정도로 큰 산업이 되었고, 당시에 일반 서민들은 김이 워낙 귀하고 비싸서 특별한 날인 학생들의 소풍때나 운동회 등의 큰 행사가 있을 때만 겨우 맛볼 수 있는 고급식품이었다. 지금과 같이 김을 쉽게 살 수 있고 저렴하게 살 수 있게 된 것은 이렇게 획기적인 김의 생산기술이 개발되었기 때문이다.

예로부터 김은 위(胃)에 좋은 약으로 취급됐는데, 「본초강목」에는 "청해태(김)는 위의 기(氣)를 강하게 하며 위가 아래로 처지는 것을 막는다"고 기록하고 있다.

『자산어보』에서는 김을 자채(紫菜)로 표현하고 있는데, "이는 뿌리가 있는데 돌위에 붙어 있고, 가지는 없으며, 돌 위에 퍼져 서식한다. 빛깔은 검보라빛으로 맛이 달고, 본초에는 자채는 바위에 붙어 있으며 빛깔은 약한 청색이나 채취하여 말리면 보라색이 된다. 그래서 자채, 즉 자색의 풀이다"라고 하였다.

한방에서는 잎은 약용으로 사용하며, 단맛과 짠맛이 나며 약의 성질은 차서 '토사곽란으로 토하고 설사하며 속이 답답한 것을 치료하며 치질을 다스리고 기생충을 없앤다'고 기술돼 있다고 한다.

한편, 2차 대전 중 일어난 일화로 일본군들이 해안지방에서 포로로 잡힌 미군들에게 김을 식량으로 급식한 사실이 있는데 전쟁이 끝나고 전범들에 대한 재판이 벌어졌을 때 '검은 종이를 강제로 먹였다'고 진술함으로서 이것이 포로에 대한 가혹 행위로 인정되었다고 한다. 당시만 해도 김에 대해 알지 못했던 미국 사람들은 김을 구워 먹인 것을 얇고 검은 종이를 강제로 먹인 행위로 간주했기 때문이다.

정월 대보름 풍습 가운데 취나물, 배춧잎이나 굽지 않은 김에 밥을 싸서 먹는 복쌈(福裏)이라는 것이 있는데, 이는 밥을 큼지막하게 싸서 먹는 것을 복(福)을 싸서 먹는 것과 같은 것으로 여겼다. 또, '복쌈은 눈이 밝아지고 명(命)을 길게 한다'해서 '명쌈'이라고도 불렀다고 한다. 이것을 현대적으로 해석해 보면 겨울철에는 야채 등에 많이 들어 있는 눈의 영양에 관여하는 비타민 A의 섭취가 어려우므로 김과 같은 해조류를 먹음으로서 비타민뿐만 아니라 각종 미네랄 성분을 섭취할 수 있어 눈 건강과 신체적인 균형을 유지시켜 주게 되어 과학적근거가 있다고 할 수 있다.

다. 영양적특징과 먹는 방법

마른김 100g에는 단백질은 38.6g, 지방 1.7g, 탄수화물 38.6g, 칼륨 325mg, 인 762mg, 칼륨 3,503mg이 함유되어 있고, 특히, 단백질의 경우, 다른 해조류나 어패류에 비해 함량이 월등히 높아 저지방 고단백식품 중의 하나이며 양질의 단백질을 함유하고 있을 뿐만 아니라 소화흡수율도 높아 소화력이 떨어지는 중년이나 노년층에 매우 좋은 식품이다. 또 김의 단백질을 이루는 아미노산 중에는 타우린이 564mg 정도 함유되어 있어 오징어, 문어, 굴 등의 몇몇 수산제품을 제외하고는 가장 함량이 높다. 타우린은 함황아미노산으로 콜레스테롤 저하작용이 있고, 간장을 보호하는 작용뿐만 아니라 어린아이의 성장에 매우 중요한 역할을 하기 때문에 어린이의 성장 시 먹는 분유에 타우린은 반드시 들어가는 성분 중의 하나이다. 또한, 김에는 비타민 C가 많이 함유되어 있고, 칼륨이나 철 등과 같은 중요한 미네랄을 섭취하기 쉬운 식품이며, 비타민 A도 뱀장어에 비해 3배나 많이 함유되어 있어 겨울철에 푸른 채소가 부족했던 시절에는 비타민 공급원으로 중요한 구실을 했다. 예를 들면, 마른 김 1장에는 달걀 2개 분량의 비타민 A가 들었고 마른 김 3장이면 장어구이 1접시와 맞먹는다. 비타민 B_1의 경우 일반 야채보다도 많고, B_2는 우유보다 많으며, 비타민 C는 감귤의 3배나 들어있다. 특히 악성빈혈을 방지하고 불안, 기억력 쇠퇴 혹은 노망기 등에 효능이 있는 비타민 B_{12}가 풍부하다.

김은 식욕을 돋우는 독특한 향기와 맛을 가지고 있는데 그 향미는 아미노산의 시스틴과 탄수화물인 만니톨 등이 들어있기 때문이다.

김에는 콜레스테롤을 체외로 배설시키는 작용을 하는 성분이 들어있어 동맥경화와 고혈압을 예방하는 효과도 알려져 있고, 식이섬유도 다량 함유되어 있는데 특히 김에 함유되어 있는 포피란이라고 하는 황산기를 다량 함유하고 있는 다당류는 인체 면역작용을 담당하고 있는 보체뿐만 아니라 대식세포의 작용을 활성화하는 작용이 있어 노약자의 건강보호에도 매우 우수한 식품이다.

마른 김에는 지방이 차지하는 전체적인 함량은 비록 적지만, 지방산 조성은 포화지방산에 비해 불포화지방산의 함량이 2배 이상 함유되어 있는 우수한 조성을 함유하고 있다. 불포화지방산중에는 동맥경화, 콜레스테롤 축적, 고혈압 등의 성인병 예방에 매우 우수한 효과를 나타내는 EPA(eicosapenta enoic acid)의 함량이 전체 지방산의 약 절반을 차지하고 있어 식이섬유인 포피란과 더불어 성인병 예방식으로 매우 우수한 식품이다.

이처럼 김은 값싸고 질병 퇴치에 효력이 있는 최고의 식품으로 약효가 풍부하여 이상적인 성인병 예방식품으로 사용될 수 있다. 김에는 혈액이 응고되는 것을 방지하여 뇌졸중이나 심장병을 예방하는 특수성분이 상당히 들어 있어 매일 식용하면 대장암이나 유방암의 예방에 유효하다는 사실이 실험으로 판명되었으며, 간을 강화시켜 음주 후의 간을 지키는 성분이 많이 함유되어 있고, 뇌와 신경을 강화하는 비타민이 풍부하여 매일 식용하면 건망증 예방에도 유효하다고 한다.

김을 잘 고르는 방법으로, 김은 빛깔이 검고 광택이 나며 향기가 강하고 불에 구우면 청록색으로 변하는 것이 최상품인데, 그 품질은 클로로필 함유량과 비례한다. 그러한 이유는 김 속에 있는 피코에리드린이라는 붉은 색소가 신선도가 떨어지거나 수분을 흡습하게 되면 청색의 피코시안이라는 물질로 바뀌고 또 엽록소도 퇴색되기 때문이다. 김이 변질되면 붉게 변하게 되는 것은 피코에리드린 색소는 오랫동안 남아있기 때문인데 김의 변질을 막기 위해서는 마른 김을 열처리하여 수분을 5% 이하로 감소시킨 후 보관한다. 시판되는 조미 맛김은 수분 함량이 5% 정도이고, 개별적으로 방습포장이 되어 있기 때문에 장기 보관이 가능하여 별도로 보관에 신경 쓸 필요가 없지만, 김밥용 김이나 마른 김과 같이 묶음으로 판매되는 김을 보관할 때는 특히 주의를 기울여야 한다. 김의 색조변화가 없으면 잘 보관되어 있었다는 것으로 보관시에는 냉동실에 보관하는 것이 맛과 향이 오래 보존되며, 습도가 높으면 품질이 급격히 떨어지기 때문에 습도가 낮은 곳에 보관해야 되며, 만약 김이 눅눅해졌을때는 전자레이지에 몇 초 동안 가열하면 맛과 향이 살아 날 수 있다.

일반적으로 마른 김은 공기중에 그대로 두면 김에 남아 있는 염분 (1~2%)이 수분을 흡수하여 고유의 색택, 광택과 향기를 소실시키게 되고, 더 오래두면 색택이 붉게 변질되어 먹을 수 없게 변한다. 이와 같은 변화는 광선, 온도, 습도 등에 따라서 좌우되는데, 습기를 완전히 제거한 김은 3개월까지는 향기, 색택 등의 변화를 막을 수 있으나, 습도가 15% 이상이 되면 1개월 후에는 심하게 변질된다.

김을 잘 굽는 방법으로, 두 장의 김을 겹쳐 각기 한쪽만 굽거나 한 장씩 구울 때도 한쪽만 불에 쬐어야 맛있는 김이 만들어지고, 구울 때도 기름과 소금을 발라 김 두 장을 합하여 가열해야 베타카로틴의 흡수가 잘되고 향기도 서서히 발산되므로 맛있게 된다고 한다.

참고로, 김은 주로 기름을 발라 구워 먹는데 주로 참기름을 사용한다. 이렇게 기름을 바름으로서 김에 함유되어 있는 유용성분인 카로테노이드 성분이 김에서 기름으로 녹아 나오도록 하기 위한 방법인 것이다.

일본인들은 김을 매우 좋아하며 소중히 여기는데 이것은 과거 일본인들은 육식을 금지해 왔기 때문에 주식인 쌀에 부족한 영양분을 김이 보완해 주기 때문에 김을 많이 먹었다고 한다. 명태알, 깨, 성게알을 김에 부착시키는 등 다양한 형태로 판매하고 있다. 또 김은 값싸고 성인병 퇴치에 효력이 있는 최고의 식품으로 알려져 일본에서는 고가의 선물용 상품으로 인기가 높다.

2) 둥근돌김

둥근돌김은 홍조류로 보라털과에 속하며, 학술명은 *Pyropia*

*suborbiculata*이다. 크기는 3~10cm이고, 폭은 3~7cm이며, 얇은 종이와 같이 부채모양으로 바위에 붙어 자란다. 몸체는 원형 또는 타원형에 가까우며, 가장자리는 안쪽으로 굽어지기 쉬운 성질이 있다. 색깔을 검붉은 색이고, 서식수심은 조간대에 자라며, 우리나라 서해안, 남해안과 부산지역에 분포한다.

과거에는 우리가 흔히 먹는 마른김이나 맛김 또는 생김의 주된 원료로 사용되어 널리 식탁에 오르기도 하였지만, 요즈음에는 둥근돌김을 원료로 한 김은 인기가 없어 점차 찾아보기가 힘들어졌다. 그럼에도 불구하고 아직도 해안가 사람들은 겨울철이 되면 이것을 채취하여 즐겨 먹기도 한다.

중국에서는 둥근돌김은 즐겨먹는 대중적인 해조류중의 하나인데, 해안가를 낀 중국 북부지방에서부터 광동지방에까지 폭넓게 먹고 있으며, 주로 스프형태로 먹거나 잘게 잘라서 각종 양념과 함께 끓여 먹고, 그 외에도 경단으로 해서 먹거나 튀기거나 쪄서 먹는다. 과거에는 가난한 사람이나 해안가 사람들만 먹는 식품으로 알려져 있었으나 요즈음에는 내륙지방 사람들에게 선물용으로 마른 제품의 형태로 만들어 팔고 있다고 한다.

3) 방사무늬김

방사무늬김은 홍조류로 김파래과에 속하며, 학술명은 *Pyropia yeaoensis*이고, 영명은 Laver 또는 Rack laver이다. 크기는 10~23cm 이고, 색깔은 자홍색 또는 청홍색이며, 타원형, 원형 또는 난형으로 변화가 많으며 가장자리에 주름이 있다. 겨울과 봄 사이에 조간대 상부와 중부 사이의 바위나 구조물 위에 생육하고, 자웅동체이며, 생식세포군은 가장자리 부분에서 만들어지는데 한국산 김속 식물 중 체형의 변화가 가장 심하다. 서식지역은 우리나라 전 연안에 고르게 서식하며, 현재 김 양식에 있어서 가장 중요한 품종이다.

방사무늬김은 환경적응성이 강하여 현재 대량 양식되고 있는데, 다른 김류에 비하여 엽체가 얇고 부드러워 향기가 좋으며, 단포자 방출로 안정적인 생산이 가능하다. 우리나라 김 양식 생산량의 70% 정도를 차지하고 있는 가장 중요한 종이라 할 수 있다.

『자산어보』에서는 방사무늬김을 가자채(假紫菜)로 표현하고 있으며 그 내용을 보면 "모양은 홑파래와 같으나 다만 흩어져 있는 돌에 나고, 돌벽에서 나지 않는다"라고 하고 있다.

4) 모무늬돌김

모무늬돌김은 홍조류로 김파래과에 속하며, 학술명은 *Pyropia seriata*이다. 몸은 원형, 콩팥형 혹은 양 가장자리에서 약간 말렸으며, 크기는 4~8cm이고, 체형이 주로 신장형 또는 깔때기형이다. 우리나라의 제주도를 제외한 남해안과 서해안 전역에 걸쳐 분포하고 있으며 조간대 상부 및 중부에서 생육한다. 암반에 착생하나 불등풀가사리 또는 굴류에 착생하기도 하며, 분포수심은 조간대 상부 및 중부에서 생육한다. 1990년대 이후 양식 대상 종으로 개발된 돌김류로, 갯병에 강한 잇점이 있으나 생장속도가 느린 단점이 있으나, 단포자가 방출되지 않아 방사무늬김에 비하여 생산성이 낮다. 만생종으로 생산시기가 가장 느린 종류중의 하나이다.

5) 잇바디돌김

잇바디돌김은 홍조류로 김파래과에 속하며, 학술명은 *Pyropia dentata*이다. 크기는 10~15cm이며, 폭은 2~3cm 정도이고, 색깔은 녹홍색 또는 황홍색이며, 조릿대모양으로 약간 두껍다. 서식수심은 고조대 상부의 암반위에서 서식하며, 겨울과 봄 사이에 무성하게 자라고

남·서해안 및 제주도에서 조간대 상부의 암반에 착생하여 흔히 둥근돌김과 함께 발견되었으며 둥근돌김의 생육대보다 상부에 생육한다.

잇바디돌김도 모무늬돌김과 마찬가지로 1990년대 이후 양식 대상종으로 개발된 돌김류로 조생종으로서 생장이 빠르고 맛이 좋은 장점이 있어 현지에서는 '곱창김'이라고도 불리며, 붉은 갯병균의 감염에 약하여 안정적인 생산이 어려워 방사무늬김에 비해 생산량도 적은 단점이 있다.

참고로 김류 전체로 볼 때 방사무늬김의 생산량이 전체의 70% 정도를 차지하고 조생종인 잇바디돌김이 15%, 만생종인 모무늬돌김이 15% 정도를 차지한다고 것으로 추정되며, 일반적으로 김을 제조할 때 이들 품종에 대해 각각의 제품을 만들지는 않고 임의로 섞거나 자연적으로 구별되지 않아 섞여진 상태에서 김제품이 만들어진다고 한다. 또한, 모무늬돌김이나 잇바디돌김을 단독으로 제조하였을 경우 식감이 다소 거칠다고 알려져 있다.

17. 참도박

가. 생태

참도박은 홍조류로 지누아리과에 속하며, 학술명은 *Grateloupia elliptica*이다. 암석에 부착하여 편평한 원형으로 확대되고 나중에 엇비슷하게 자라며, 크기는 20~30cm이고, 때에 따라서는 60cm 이상 자라며 폭은 5~15cm 또는 그 이상이다. 우리나라 경북, 남해안에 분포하고 조간대 바위 또는 점심대의 바위에서 발견되며 일반적으로 풀의 원료로 이용된다. 색은 짙은 자홍색이고 분포지역은 우리나라 경북, 남해안, 제주도에 분포한다.

나. 참도박에 얽힌 이야기

주로 해안가에서는 나물로 해서 먹거나 햇볕에 말려서 장기 보관하여 먹는데, 예전에는 건물을 지을 때 참도박을 담가둔 물을 백회에 섞어 풀로 많이 이용하였다. 식용으로 하고 있지만, 최근에는 화장품, 바이오연료 및 기능성식품의 소재로서도 많이 이용된다.

도박중에서 주요한 몇 가지 종류에 대해서 소개하면 다음과 같다.

털도박의 학술명은 *Grateloupia okamurai*이다. 우리나라 남해안에 분포하고 파도가 조용한 조간대의 암반 위에 서식하며, 크기는 15~30cm이고, 때에 따라서는 60cm까지 자라며, 폭은 1.5~2.5cm이다. 표면 및 가장자리에는 많은 수의 거의 같은 크기의 가지를 생성하고, 표면이 다소 미끌미끌하며, 색은 짙은 자홍색이다. 식용으로 이용된다.

쐐기꼴도박의 학술명은 *Pachymeniopsis yendoi*이다. 크기는 30cm~1m에 달하고 몸의 끝은 차차 뾰족해지며, 가장자리가 표면에서 직각으로 칼로 끊을 것처럼 보인다. 색은 자홍색 또는 암홍색이며 다량의 점질을 내어 건조하면 종이에 붙는다. 이러한 성질을 이용하여 우리나라 경북과 부산에서는 풀로 이용한다고 한다.

명주도박의 학술명은 *Phyllymenia sparsa*이다. 울릉도, 속초, 부산, 거제도, 제주도에 분포하고 풀로 이용된다. 크기는 30cm 또는 그 이상이며 폭은 3~10cm이고, 두께는 500㎛이고, 표면은 어렸을 때는 매끈하나 성숙하면 다소 촘촘하게 주름이 생긴다. 색은 짙은 자홍색이며 나중에는 짙게 되어 옻처럼 광택을 가진다.

다. 영양적특징과 먹는 방법

참도박은 단백질함량이 높고 구성하는 아미노산 중 단맛에 관여하는 글루탐산과 아스파르트산과 아르기닌 함량이 특히 많으며, 풍부한 식이섬유를 함유하고 있어 다이어트 식품에 적합한 해조류이다.

18. 돌가사리

가. 생태

돌가사리는 홍조류로 돌가사리과에 속하며, 학술명은 *Gigartina tenella*이고, 영명은 Seaweed tenella이다. 크기는 5~12cm이고, 폭은 1~2mm이며, 색은 짙은 암홍색이고 물속에서는 형광을 내며, 얕은 곳의 바위나 웅덩이에 서식하는 것은 크기가 작고, 깊은 곳에 서식하는 것은 크기가 크다. 탁 트인 바다에 접한 암초에 많이 생기고 분포 수심은 저조선 부근에서 2~4m까지의 깊이에 생육하며, 분포지역은 우리나라 각지에 분포한다.

나. 영양적특징과 먹는 방법

우리나라에서는 생것을 무침하여 반찬으로 하거나 말려서 샐러드 또는 불려 비빔밥의 재료로서 이용되기도 하며, 때로는 고급일식 재료로도 사용되며, 한천을 제조할 때 일부 첨가하기도 한다. 돌가사리는 먹을 때 씹히는 촉감이 오독도독한 독특한 소리를 낸다. 대만 북부지방에서 많이 먹는데 주로 돼지고기와 같이 기름에 볶아서 먹거나 한천과 같이 응고된 겔을 만들고 적당히 썰어 다른 향신료를 함께 넣어 샐러드로 만들어 먹는다.

19. 볏붉은잎

가. 생태

볏붉은잎은 홍조류로 붉은땀띠과에 속하며, 학술명은 *Callophyllis japonica*이다. 크기는 5~17cm이고, 폭은 2~5mm이며, 색깔은 선홍색이고 저조선 부근에서 점심대에 걸친 바위에 붙어 있다. 위로 갈수록 조금씩 좁아지고 가장자리에 가지와 같은 작은 돌기와 가지를 많이 내며, 밤송이 모양으로 뿔을 많이 낸다. 분포지역은 방어진, 완도, 거문도, 부산, 추자도, 제주도에 분포한다.

나. 볏붉은잎에 얽힌 이야기

볏붉은잎은 갈래곰보와 마찬가지로 비교적 깊은 곳에 서식하여 이것을 얼마나 잘 채취하는가에 따라 해녀의 기량을 평가하는 지표로 삼는다고 한다.

나. 영양적특징과 먹는 방법

1980년대부터 이용가치가 있는 것으로 알려진 해조류로 닭은 벼슬과 비슷한 형태를 띠고 있다. 우리나라에서는 직접 식용을 하기 보다는 횟감의 밑에 고급 장식용으로 사용되며, 제주도에서는 수확된 볏붉은잎을 염장하여 중국에 수출을 하고 있다. 전적으로 자연산에 의존하는 것으로 앞으로도 해조류를 이용한 샐러드 등의 제품에 응용가치가 매우 높은 품종이다.

20. 불등풀가사리

가. 생태

불등풀가사리는 홍조류로 풀가사리과에 속하며, 학술명은 *Gloiopeltis furcata*이고, 영명은 Seaweed furcata이다. 크기는 4~10cm인데 15cm에 달하는 것도 간혹 있고, 여기저기가 잘록하며 관절처럼 되어 있다. 대체로 분기점에서는 가늘고 꼭대기는 뾰족하며 내부조직은 푸석푸석하거나 속이 비어 있으며, 색깔은 자홍색이고, 분포지역은 우리나라 전국 각지에 분포한다. 간혹 겨울철 썰물 때 바닷가 갯바위 위에 보면 붉으면서 작은 막대풍선 모양의 해조류가 다닥다닥하게 붙어 있는 것을 볼 수가 있는데 이것이 바로 불등풀가사리이다.

나. 불등풀가사리에 얽힌 이야기

불등풀가사리는 식용으로 하거나 풀을 만들 때 사용되는 재료로서 이용되는데, 제주도에서는 불등풀가사리를 '가사리'라고 부른다. 풀가사리류는 물에 넣고 끓이면 콜로이드상의 물질이 용출되는데, 예전에는 이것을 견직물의 풀로 이용해 왔으나 근래에는 그 수요가 거의 없고 지금은 여러 가지 형태의 밑반찬이나 나물 등과 같이 해서 먹거나 카라기난의 원료로 쓰인다. 불등풀가사리로 풀을 만들면 밀가루와 다름이 없고 물에 오랫동안 젖게 되면 아교모양으로 된다고 하였다. 주로 베와 비단에 풀을 바르는데 사용하였다. 조선시대 여인들은 이것을 이용하여 머리를 빗으면 머리칼이 잘 붙어서 흩어지지 않는다고 하였으며, 전분에 비해서 곰팡이의 발생이 적고 광택이 좋고 실의 마찰 및 끊어짐이 적을 뿐만 아니라 풀빼기가 쉬워 고급직물에 많이 사용된다. 하등품은 벽의 회칠에 사용되며 기타 도자기용 물감의 풀, 부인들의 머리를 감을 때 사용된다고 한다.

　과거에는 일본인들이 이것을 사기 위해 상선을 보냈다는 기록이 있으며, 산업적으로도 중요한 물품으로서 해방직전까지 우리나라의 연간 생산량은 약 2~3만톤이었고 풀의 원료로서 주로 일본에 수출되고 있었으나 합성풀에 밀려 해방 후부터는 그 수요가 없어 거의 이용되지 않았다. 그러나 최근에는 카라기난의 원료로서 뿐만 아니라 고급 견직물, 종이, 횟가루 반죽이나 모발세정제 또는 세균배양용 배지의 원료로 이용되고 있어 그 용도가 점차 증가하고 있다.

　『자산어보』에서는 불등풀가사리를 적발초(赤髮草)라고 표현하였는데 그 내용을 보면 "돌에 붙어 뿌리가 생기고, 뿌리에서 줄기가 나고, 줄기에서 가지가 나고 가지에서 또 잔가지가 난다. 빛깔이 붉고 천사만루로서 마치 말의 목덜미의 털과 같으며, 자라는 수층은 해조와 같은 수층이다"라고 되어 있다. 또 다른 표현으로, 종가사리(종가채, 騣加菜)라고도 하는데 그 내용을 살펴보면 "크기는 7~8치 정도이고 뿌리에 잎이 다섯 개 정도가 나 있다. 잎 끝이 갈라진 것도 있고 그렇지 않는 것도 있으며, 모양은 금은화의 꽃망울과 비슷하고, 속은 비어있다. 부드럽고 미끄러우며 국을 끓이는데 좋고, 번식시기는 뜸부기와 비슷하다"라고 하고 있다.

한방에서는 불등풀가사리는 몸의 열을 내리고 단단하게 뭉친 것이나 가래를 삭이며, 소화를 도와주고 몸에 열이 있는 사람의 갑상선종양이나 담이 결릴때, 명치 밑이 단단할 때, 치질을 치료할 때 사용된다고 하였고, 또 맛은 짜며 성질은 차고 독이 조금 있다고 하였으며「식생요집」,「본초강목」에서는 불등풀가사리의 성미를 "맛은 달고 성질은 아주 차며 골하고 독이 없다"라고 서술하였다. 열을 내리고 소화를 도우며 가래를 삭이는 효능이 있으며, 노열(勞熱,) 담결(痰結), 가래, 간질), 비적(痞積, 체한 증세) 및 치질을 치료하고,「식성본초」에서는 "하열풍기하고 소아의 골증노열을 치료한다고 했으며, 부작용으로는 이것을 먹으면 기침이 나고, 남자는 이것을 오래 먹지 말아야 한다고 한다. 잎을 약용으로 사용하고, 짠맛이 나고 약의 성질은 차가우며 폐, 비장, 그리고 대장에 좋고, 추출물은 항 충치작용을 가지며, 장염, 이질, 풍습성 관절통, 감상선암 등에 응용된다"고 하였다.

　전남 신안의 비금도에서는 불등풀가사리를 묵으로 만드는데 이것을 '바옷묵'이라고 한다. 토속음식으로 과거에 어민들이 즐겨 먹던 음식으로, 불등풀가사리를 '바옷'이라고 한다. 바위에 옷처럼 붙어산다고 해 그렇게 부르는 것 같은데, 풀가사리를 채취하여, 염분을 씻어낸 다음, 7~8시간 정도 고아 식힌 것이 바옷묵이다. 한천으로 만든 우무와 마찬가지로 카라기난으로 만든 우무와 같은 것으로서 색택은 검은 색이며, 시원하고 담백한 맛을 가진다고 한다. 그 당시 사람들은 정확한 이유를 몰랐겠지만, 한천으로 만든 우무와 카라기난으로 만든 묵은 형태는 비슷해 보였는지는 몰라도 그 성질이 다르다는 사실을 알고 있었던 것 같다.

다. 영양적특징과 먹는 방법

불등풀가사리의 주요성분 조성을 살펴보면, 건조 불등풀가사리

100g에 대해 단백질은 16.5%, 지방은 0.6%, 탄수화물은 55.7%, 회분은 13.2%로 구성되어 있어, 칼슘, 인, 철이 풍부하다.

무침을 하거나 된장국에 넣어 먹기도 하며, 해조 샐러드나 생선회의 장식물이나 물고기 요리나 채소와 함께 식초를 뿌려 만든 샐러드요리 등의 재료로서 인기가 높아 일본에 고가로 수출되는 해조류이다.

일본에서는 된장지, 샐러드 형태로서 먹는데 된장에 넣어 먹으면 맛이 좋아진다고 한다. 중국의 해안가 사람들은 국수와 함께 볶아 먹거나 쪄서 젤라틴 모양의 케이크를 만들어 기름과 함께 튀겨먹거나 물고기와 함께 요리할 때 사용한다.

21. 서실

가. 생태

서실은 홍조류로 빨간검둥이과에 속하며, 학술명은 *Chondria crassicaulis*이다. 밑부분에 가는 부분이 짧게 되어있고 중앙부분부터 위쪽은 굵고 매우 다육질이다. 굵기는 2~5mm이고, 높이 10~20cm 이며, 가지는 각 방면에 서로 어긋나게 자라고 때로는 약간 불규칙하다. 가지의 끝은 뭉툭하나 기부는 가늘다. 늙은 개체의 꼭대기에는 전분이 저장되어 있어서 나중에 모체에서 떨어져 나와 새로운 개체가 된다. 색택은 녹색, 자홍색 또는 황색이며, 조체의 질은 다육 연골질이고, 건조시키면 종이에 들러붙는다. 채집한 것을 오래 그대로 두면 쉽게 녹아서 못 쓰게 되므로 표본으로 할 때는 빠르게 건조 처리시켜야 한다. 조간대 하부의 바위위에 생육하며, 우리나라 연안 각지에 분포한다.

나. 서실에 얽힌 이야기

한방에서는 서실을 약용으로 사용하며, 짠맛이 나고 약의 성질은 차다고 정의한다.

다. 영양적특징과 먹는 방법

서실의 단백질을 이루는 아미노산 중에는 글루탐산, 아스파르트산의 함량이 매우 높고, 특히 류신, 트레오닌과 같은 특이한 아미노산이 함량이 높은 것이 특징이다. 생리활성을 조사한 결과, 구충 및 중추신경에 대한 작용과 살충작용이 있을 뿐만 아니라, 항바이러스, 항균, 항곰팡이 활성 및 저혈압에 효과적이라고 알려져 있다.

우리나라에서는 건조된 형태 또는 생물의 형태로 전통시장의 수산 건제품 코너에서는 건물형태로 팔거나 바닷가에 인접한 어촌시장에 가보면 아주머니들이 좌판에서 직접 갯가에서 채집한 생 서실을 펼쳐놓고 파는 것을 볼 수 있다. 씹히는 촉감이 좋고 주로 무침의 형태로 한 반찬류로 많이 먹고 있으며, 일본에서는 초무침이나 초절임의 형태로 먹는다.

22. 우뭇가사리

가. 생태

우뭇가사리는 홍조류로 우뭇가사리과에 속하며, 학술명은 *Gelidium elegans*이고, 영명은 Ceylon moss이다. 대체로 11월에서 이듬해 5월에 걸쳐 무성하게 자라며, 조간대에서 깊은 곳에 이르기까지 폭넓게 분포한다. 서해안 갯벌지역을 제외하고는 우리나라 전 연안 어디에서든지 우뭇가사리는 흔하게 발견되는데 특히 물이 맑으면서도 조류의 소통이 잘되는 동해 남부, 제주도, 남해 동부에 풍부하다. 이러한 생육특성에 따라 우무가사리의 주요 생산지는 경상북도, 경상남도, 제주도에 집중되어 있다.

우리나라에는 우뭇가사리가 11종이 존재하고 있는 것으로 알려져 있으며, 색깔은 홍자색을 띠며 크기는 10~30cm 정도이며, 중심 줄기는 납작하고 여러 차례 갈라진다. 가지는 납작하고 끝이 뾰족하며, 빗살 모양으로 줄기의 양쪽에서 마주 또는 엇갈려 나와 나중에는 부채꼴로 퍼진다. 따라서 성장함에 따라 형태가 많이 달라지기 때문에 일반인들이 쉽게 구분할 수 없는 경우가 많다.

나. 우뭇가사리에 얽힌 이야기

『자산어보』에서는 우뭇가사리를 우모초(海凍草)라고 불렀는데 "몸은 납작하고 가지 사이에 잎이 있는데 매우 가늘고 빛깔이 보라색으로 특이하다. 여름에 삶아서 우무고약을 만들면 죽이 굳어져서 맑고 매끄럽고 부드러워 씹을 만한 음식물이 된다"라고 하고 있다. 『자산어보』에서 설명한 것은 우뭇가사리를 이용하여 한천우무를 만들어 먹는 방법을 설명한 것이다.

한천을 제조하는데 사용되는 원료는 전 세계적으로 13속 85종이 있다고 한다. 이들 원료로 사용되는 해조류는 모두 홍조류로 그 중에서도 우뭇가사리목에 속하는 해조류가 품질면이나 생산면에서 가장 중요한 해조류이다. 오래전부터 여름의 미각을 돋우는 식품으로 친숙한 우무는 우뭇가사리류를 끓여서 체세포 사이에 함유되어 있는 한천질을 추출하여 식혀서 굳힌 것으로, 콩국물과 얼음에 채썬 우무를 함께 넣어 먹으면 여름철 별미로 그만인 것으로 먹는데, 요즈음에는 정체한 한천을 그대로 녹여서 만든 것도 많다.

참고로 전통적으로 한천을 제조하는 방법을 간략히 설명하면, 먼저 채집한 우뭇가사리를 그대로 사용하는 것이 아니라 우뭇가사리를 햇볕에 말리면서 수시로 물을 뿌려주면 우뭇가사리가 가지고 있는 색소들이 서서히 산화 또는 퇴색하면서 옅은 노란색 또는 핑크계통의 색으로 변하게 된다. 이것을 일정량 끓는 물로 추출하여 뜨거운 상태에서 망사 등으로 걸러 식히면 탱글탱글한 상태의 탄력있는 마치 도토리나 메밀묵과 같은 우무가 만들어지게 된다. 식감에 따라 우뭇가사리 용량을 늘리면 더욱 더 단단한 우무가 만들어진다.

우뭇가사리는 10여년 전에 바이오에너지 붐이 불면서 우뭇가사리의 대량양식이 시도된 적이 있는데, 경제성의 문제로 인해서 한계에 부닥

쳐 더 이상 진전되지 못하여 지금도 현재 우리나라에서 생산되고 있는 우뭇가사리의 대부분은 자연산에 의존되고 있는 실정이다.

한방에서는 식용으로 사용가능하다고 하였고, 짠맛과 단맛이 나며 약의 성질은 차다고 하였고, 약효로는 청열해독(淸熱解毒, 열을 제거하고 독을 풀어주는 것), 화어산결(化瘀散結), 구회(驅蛔, 회충을 구제하는 것)한다고 한다.

한편, 조선왕조실록에는 우무가사리를 의미하는 우모(牛毛)가 수십차례 나타나는 것으로 보아 우무가사리가 조선시대에는 얼마나 귀하게 다루었는지를 짐작하게 한다.

다. 영양적특징과 먹는 방법

우뭇가사리는 조체가 억세어 그대로 식용하는 경우는 거의 없고, 대부분은 우무를 추출하여 식용하거나 건조시킨 것을 한천으로 만들어 식용, 공업용 또는 연구용으로 사용한다. 한천의 성분은 다당류인 아가로스(60~80%) 및 아가로펙틴(20~40%) 등이 함유되어 있으며, 실험실이나 산업용으로 미생물을 인위적으로 키우기 위한 각종 영양성분이 함유된 배지를 고형화하기 위한 첨가소재로서도 사용된다.

한천다당류의 주된 성분은 중성다당류인 아가로스이고 그 외 산성다당류인 아가로펙틴 및 기타의 다당류가 혼합되어 있다. 보통 한천은 냉수에는 거의 녹지 않으나 80℃ 이상의 열수에는 녹고, 그 열수용액을 냉각하면 탄력있는 겔 즉, 우무가 되며, 이것을 다시 가열하면 용해하는 열가역성 물질이다. 한천의 겔형성능은 극히 강하며, 순도가 높은 것은 0.04% 정도의 농도에서도 겔을 형성하는데, 다른 친수성 콜로이드 중에서 한천만큼 저농도에서 강한 겔을 형성하는 것은 없다. 따라서 한천의 경우 우수한 영양성분을 기대하기보다는 열가역성 겔과 같은 가공적성을 이용하여 사용하는 경우가 많은데 그 대표적인 식품으로 젤리나 양갱 등을 예로 들 수 있다.

우무의 성분조성은 수분이 99.0%로 당질(0.8%)을 제외하면 거의 대부분이 수분으로 되어있다. 또한, 당질의 경우에도 단맛을 내지는 않고 우리 몸에서 소화가 되지도 않아 영양적 가치는 거의 없지만 이것이 오히려 요즈음에는 다이어트나 식이조절에 유용하기 때문에 이용가치는 무궁무진하다고 볼 수 있다.

한편, 제주도에서는 한천을 '우미'라고 부르며 배가 아프거나 설사가 날 때에 우뭇가사리를 삶은 물을 걸러서 먹으며 낫는다고 하였고, 최근에는 케익과 국수를 만들때의 재료로 사용되기도 하고, 그 외에도 점활제(소화관 내의 상처를 보호하는 약제)나 고기연화제로 사용되며 다이어트를 위한 식품소재로도 활용된다.

중국에서는 건조된 우뭇가사리를 핑크색이 없어질 때까지 담수에 여러번 씻고 난 다음 끓인 추출액을 고형화한 다음 일정한 크기로 잘라 파는데, 마치 우리의 여름철에 먹는 우무와 유사하게 우무를 추출하여 덩어리를 만드는 것으로 중국의 해안가 지방에서는 이렇게 추출한 것에 설탕과 과일주스를 첨가하여 파는 것이다. 때에 따라서는 돼지고기 등 다른 각종 야채와 부재료를 섞어 조림형태로 해서 먹기도 한다.

우뭇가사리는 식용으로 사용되기도 하지만 그 외에도 많은 용도가 있다. 그 예로는 10여년전 석유가격이 폭등함에 따라 대체에너지원으로 개발하기 위하여 바이오에너지원으로서 우뭇가사리로부터 알코올을 발효하여 추출하는 연구를 하는 소재로서도 활용된 적도 있고, 종이원료의 대체재로서 활용을 위한 연구도 행해졌다. 그 외에도 알약의 당의나 연고제의 원료로 쓰일 뿐만 아니라 아이스크림 또는 화장품을 제조할 때 색소나 첨가물이 침전되지 않도록 안정제로 쓰이는 것이 대표적이다.

23. 진두발

가. 생태

진두발은 홍조류로 돌가사리과에 속하며, 학술명은 *Chondrus ocellatus*이고, 영명은 Carragheen, Curly gristle moss, Gurly moss, Irish moss, Jelly moss 또는 Rock moss 등과 같은 다양한 표현이 있다. 크기는 15~50cm이고, 폭은 2~7cm 정도이며, 전체적으로 부채꼴 모양이나 체형의 변화가 심하고, 서식수심은 저조선 위에서 저조선 이하의 깊은 곳까지 있다. 일반적으로 외해를 직접 접하지 않는 파도가 심한 곳의 암반에 생육하고 저조선 부근에 가장 많이 서식하며, 색깔은 홍자색, 녹자색, 홍황색 등으로 다양하다.

나. 진두발에 얽힌 이야기

한방에서는 잎은 약용으로 사용하고, 단맛과 짠맛이 나며, 약의 성질은 차갑고 위와 대장에 좋다고 한다. 유럽에서 irish moss라고 부르는 것은 이 속에 속하는 *C. crispus*이며, 우리나라의 연안에도 존재한다. 이것은 이 종의 집산지였던 아일랜드의 해변촌인 Carragheen의 이름을 그대로 따서 Caraagheen 또는 Irish moss라고 불렀으며, 이곳에 살던 사람들은 600년전부터 우유에 섞어 식량으로 사용하거나 호흡기계통의 민간약으로 이용하였다고 한다. 아일랜드에서는 감자가 주식이었으나 1800년대 중기에 감자에 바이러스가 발생해 대흉작이 일어나 수백만명의 사람들이 굶어죽게 되었을 때 기근을 해결하고자 이들 진두발을 식용하였다고 하며, 여기서 추출한 점질물을 카라기난이라 부르게 된 것이다.

다. 영양적특징과 먹는 방법

진두발을 식용하는 방법으로는 주로 국으로 이용하거나 생선회의 장식품으로 이용되기도 하며 그 이외에는 공업적으로 사용되는데 카라기난은 마른 진두발을 끓여서 추출하는데, 추출한 카라기난을 맥주, 포도주 등의 청징제(부유물을 깨끗하게 하는 것) 또는 일부 약용 등으로 옛날부터 사용하였고, 그 외에도 식품공업분야에 널리 이용되고 있으며 우리나라에서도 일부 생산하고 있으나 현재에는 미국, 덴마크 및 프랑스가 세계 3대 생산국으로 되어있다.

또한, 카라기난은 가죽의 가공이나 제약, 식품, 화장품 등의 유화제나 광택제로도 이용된다.

24. 참풀가사리(참가사리, 세모가사리)

가. 생태

참풀가사리는 홍조류로 풀가사리과에 속하며, 학술명은 *Gloiopeltis tenax*이다. 크기는 10~20cm이고, 굵기는 1~4mm이며, 서식수심은 조간대의 중부 이하의 바위에 군락을 이루고 다닥다닥 붙어 있으며, 분포지역은 우리나라 남해안 및 제주도에 분포한다.

나. 참풀가사리에 얽힌 이야기

참풀가사리는 보통 '세모가사리'로 많이 불리고 그 외에도 '참가사리'로도 불리지만 정식 명칭은 '참풀가사리'이다. 물에 넣고 끓이면 콜로이드상의 물질이 용출되는데, 불등풀가사리와 마찬가지로 예전부터 견직물의 풀로 이용해 왔으나 근래에는 그 수요가 거의 없고 여러 가지 형태의 식용으로 이용되며, 카라기난의 원료로도 쓰인다. 이것을 이용해서 풀을 쓰면 밀가루와 유사하고 잘 썩지 않기 때문에 풀로 많이 사용되는데 물에 오랫동안 두면 아교모양으로 된다고 하였다. 주로 삼베와 비단에 풀을 먹이는데 사용하였으며, 조선시대 여인들은 이것을 이용하여 머리를 빗으면 머리칼이 잘 붙어서 흩어지지 않는다고 하여 옛날부터 일본인은 이것을 사기 위해 상선을 보냈다는 기록이 있다. 참풀가사리는 일제의 해방직전까지 우리나라의 연간 생산량이 불등풀가사리를 포함해서 약 2~3만톤으로 풀의 대용으로 일본에 수출되었으나 합성풀에 밀려 해방 후부터는 그 수요가 없어 거의 이용되지 않았다. 그러나 최근에는 홍조류에서 추출되는 카라기난의 원료로서 뿐만 아니라 고급 견직물, 종이, 횟가루 반죽용이나 모발세정제 또는 세균배양용 배지의 원료로 이용되고 있다.

『자산어보』에서는 풀가사리를 섬이가사리(섬가채, 蟾加菜)로 표현하고 있는데 "뿌리와 줄기와 가지가 갈라져 번식하는 모습이 석기생(뜸부기)과 비슷하나 보다 가늘고 깔깔하여 소리가 나며 빛깔은 붉다. 햇볕에 오래 말려두면 노랗게 변하여 매우 끈끈하고 미끄럽기 때문에 이러한 성질을 이용하여 풀을 쓰면 밀가루와 다름이 없다. 번식하는 지대는 불등풀가사리와 같다. 일본인은 불등풀가사리와 이것을 사기 위해 상선을 보낸다고 하였다. 「본초강목」의 저자 이시진이 말하기를 녹각채는 '바닷속의 바위 사이에 번식하며 그 크기는 3~4치 정도이고, 크기는 철선과 비슷하고 끝이 갈라져 사슴 뿔 모양과 같으며, 빛깔은 자황색인데, 물에 오랫동안 젖으면 곧 변하여 아교모양으로 되고 여인들이 이용하여 머리를 빗으면 머리칼이 잘 붙어서 흩어지지 않는다고 했다'. 「남월지(南越志)」에는 후규(候葵)는 일명 녹각이라고 했다. 이는 종가사리와 섬이가사리가 모두 녹각채임을 말하는 것이다"라고 하고 있다.

다. 영양적특징과 먹는 방법

먹는 방법으로는 우리나라에서 옛날부터 된장국의 재료로 애용되거나 나물과 같은 무침재료로도 이용되어 왔지만, 요즈음에는 해조 샐러드나 생선회 장식용 또는 어육이나 채소에 식초를 친 요리의 재료로 사용되고 있으며, 일본에서 특히 인기가 고가로 수출되는 해조류이다.

스프를 만들 때 섞어 넣거나 양념으로도 사용되며, 부드러운 두부요리에 첨가하면 오독오독한 식감이 느껴져 맛을 상승시킨다. 참풀가사리는 생산시기가 5~7월로 한정되어 있어 생것을 그대로 사용하면 부패할 수도 있기 때문에 말린 제품을 사용한다. 또 미역국을 대신하여 끓여 먹어도 좋다고 한다.

연한 적색을 띠는 참풀가사리는 우리나라보다는 일본에서 오히려 수요가 많은데, 색감이 좋아 음식의 포인트를 줄 때 사용한다고 한다. 부드러우면서도 쫀득한 식감이 일품이기 때문에 주로 말린 참풀가사리를 불려서 식감을 그대로 느낄 수 있는 비빔밥이나 된장국 또는 샐러드로 먹는다. 또 분말로도 시판되는데 이것을 국수나 과자를 만들 때 섞어 넣기도 하며, 일부지역에는 짱아찌로 만들어 먹기도 한다.

대만에서는 즐겨먹는 해조류로, 돼지고기와 함께 먹거나 겔로 추출하여 끓인 다음 젤리형태로 하여 샐러드에 향미를 부여하거나 냉각하여 작은 크기의 모양으로 만들어 먹는다.

참고자료

- 해조의 화학과 이용. 이종수, 2008, 효일
- 한국수산물성분표. 2009, 국립수산과학원
- 한국동식물도감 – 제8권 식물편(해조류). 강제원, 1968, 문교부
- 식용해조류 Ⅰ, Ⅱ. 한용봉, 2012, 고려대학교 출판부
- 해양식물과 한의학. 최한길, 김영식, 남기완, 이해자. 2004, 학술정보
- 海藻の 生化學と 利用. 日本水産學會, 1983, 恒星社厚生閣
- 海藻利用の 科學. 成山堂書店, 2004, 山田信夫
- 海藻食品の 品質保持と 加工, 流通. 小川廣男, 能登谷正浩, 2002, 恒星社厚生閣,
- 한국산 유용해조, 특히 식용, 약용 및 공업용 해조에 대한 주해. 오윤식, 이인규, 부성민, 1990, The Korean Journal of Phycology, 5(1), 57-71
- 한국산 해조류의 목록. 이인규, 강제원, 1986, The Korean Journal of Phycology, 1(1), 311~325
- 수산물 100대품목(해조류, 갑각류). 2014, 국립수산과학원
- 자산어보, 정약전(정문기 역). 2012, 지식산업사
- 바닷가에서 만나는 염생식물. 2015, 국립수산과학원
- 국가생물종 목록집(해조류). 김형섭, 부성민, 이인규, 손철현. 2013, 국립생물자원관
- 食用藻類の 栽培, 水産學 시리즈 88, 日本水産學會. 1992, 恒星社厚生閣
- 제주의 바닷말, 이용필. 2008, 아카데미서적
- World seaweed utilization: An end-of-century summary. W.

Limdsey Zemke-White and Masao Ohno, 1999, Journal of Applied Phycology
- Edible seaweeds of China and their place in the Chinese diet. Bangmei Xia and Isabella A., Abbott., 1987, Economic Botany
- 2011년도 민족생활어 조사. 강정희, 김순자, 2011, 국립국어원
- 한국동해연안 해조류 생태도감. 최창근, 김영대, 공용근, 박규진, 2007, 국립수산과학원 동해수산연구소
- 한국 자생김의 분류 및 양식김의 품종별 특성. 황미숙, 하동수, 김승오, 박은정, 공용근, 황은경, 이상용, 황일기, 2013. 국립수산과학원 수산식물품종관리센터 해양천연물학. 이종수, 임치원, 2006, 효일
- 신영양학. 1986, 이현기
- 해조의 생화학과 이용. 1983, 일본수산학회 수산학시리즈 45
- Nutritional evaluation of some subtropical red and green seaweeds Part I-Proximate composition, amino acid profiles and some physico-chemical properties. Wong, K.H and Peter C.K. Cheung, 2000, Food Chemistry, 71

찾아보기

〈한글〉

[ㄱ]

가시우무 ·································· 30
가시파래 ·········· 26, 45, 46, 47
가자채 ································· 125
가해대 ································· 102
갈래곰보 ·········· 106, 108, 109, 110, 131
갈조류 ·································· 13
갈조소 ·································· 21
감곽 ···································· 94
감태 ········ 13, 26, 29, 46, 47, 48, 54, 63, 64, 65, 79
갑상선 ············ 24, 47, 65, 71, 73, 88, 94, 95, 100, 135
개꼬시래기 ················· 113, 114
개다시마 ························ 76, 77
갯개미자리 ··························· 18
갯기름나물 ··························· 18
갯실새삼 ······························ 18
갯장구채 ····························· 18
갱태 ······························ 61, 123
거머리말 ························ 15, 16

검둥감태 ····························· 65
겔 ············ 28, 130, 141, 147
겨우살이 ······························ 81
격자파래 ·········· 45, 53, 54, 55
고도불포화 지방산 ············ 106
고둥조 ································· 87
고르매 ································· 66
고리매 ···················· 66, 67, 101
고혈압 ······ 53, 56, 82, 95, 112
골증 ······························ 42, 135
골증노열 ···························· 135
곰피 ···································· 68
공석순 ································· 53
꼬시래기 ········ 21, 34, 111, 112
괭생이모자반 ················ 84, 85
구멍갈파래 ········ 45, 49, 52, 53
구멍쇠미역 ····················· 98, 99
구성 아미노산
구황 ·········· 55, 106, 107, 113
군대채 ································· 94
글루타치온 과산화효소 ·········· 34
금초 ·································· 112
기근부 ································· 12
기름조 ································· 87

150 바다의 채소 해조류, 제대로 알고 먹자!

기생목 ·································· 81
김 ·· 115
꼬시래기 ······················ 31, 111

[ㄴ]
나문재 ·································· 18
낙수 ······································ 87
넓미역 ························· 99, 100
넓패 ···································· 107
넓메역 ································ 100
남조류 ·································· 26
남조소 ·································· 21
남해약보 ······························ 71
납작파래 ····· 45, 46, 55, 56, 61
노열 ···························· 134, 135
녹각 ······························ 42, 146
녹각채 ·························· 42, 146
녹말 ······································ 19
녹조류 ······ 13, 18, 19, 20, 26, 33, 36, 41, 45, 49, 52, 54, 55, 57, 59, 60, 64, 112
누덕나물 ······························ 66

[ㄷ]
다시마 ···························· 67, 70
다당류 ···························· 68, 74
단백질 ·································· 26

단포자 ································ 125
담결 ···································· 135
당지질 ·································· 28
대황 ······························ 78, 79
돌가사리 ········ 30, 31, 129, 143
동국여지승람 ··············· 38, 118
동의보감 ················ 42, 72, 94
두음북 ·································· 81
둠북 ······································ 81
둥근돌김 ···························· 124
뜬발 ···································· 119
뜬흘림발 ···························· 119
뜸부기 ············ 31, 80, 81, 146

[ㄹ]
라미나란 ················ 21, 29, 32, 73, 75, 79
록미채 ································ 105
루자이 ·································· 42
루자이차이 ·························· 42
류기생 ·································· 81

[ㅁ]
만니톨 ······ 21, 32, 75, 97, 121
매산태 ·································· 38
매생이 ···································· 2
매역 ······································ 92

맹선
멘생이 …………………………… 47
명쌈 …………………………… 120
명주도박 …………………………… 128
모무늬돌김 ……………… 116, 125
모자반 …………………………… 86
몸국 …………………………… 88
무기질 ……… 24, 25, 32 33, 38, 39, 59, 65, 82, 112,
물여뀌 …………………………… 92
미루 …………………………… 42, 92
미세조류 …………………………… 12
미역 ……… 13, 16, 21, 24, 26, 29, 33, 37, 48, 65, 68, 70, 71, 75, 91, 92, 93, 94, 95, 99
미역귀 …………………………… 31, 96
미역쇠 ……………………… 101, 102

[ㅂ]
바다채소 …………………………… 4
바옷묵 …………………………… 135
발
방렴 …………………………… 118
방사무늬김 ……… 119, 125, 126
번행초 …………………………… 18
베르미첼리 …………………………… 67

볏붉은잎 …………………… 131, 132
보라털 …………………………… 124
보리파래 ……………… 46, 56, 57
복쌈 …………………………… 120
본초강목 ……… 42, 54, 94, 112, 120, 135, 146
불등풀가사리 ……… 26, 125, 133, 134, 135, 146
불포화지방산 …………… 28, 122
비단풀 …………………………… 31
비적 …………………………… 135
비틀대모자반 …………………… 26

[ㅅ]
산성다당류 ………………… 29, 30
상기생 …………………………… 81
상사태 ……………………… 46, 55
새우말 …………………………… 15
생리활성 ………… 27, 39,47, 79, 82, 105, 137
서미조 …………………………… 87
서실 ……………………… 21, 137, 138
석기생 ……………………… 81, 146
석묵
선채 …………………………… 112
섬가채 …………………………… 146
섬이가사리 …………………… 146

섬 ················· 118, 119
세모가사리 ················· 145
세발나물 ··················· 18
세포벽 다당류 ············ 28, 29
셀레늄 ············· 34, 73, 95
셀룰로즈 ················ 21, 31
쇠미역 ···················· 102
쇠미역사촌 ················· 103
쐐기꼴도박 ················· 127
수거머리말 ·················· 15
수송 ······················· 42
수평발 ···················· 119
순비기나무 ·················· 18
스트론튬 90(Sr^{90}) ············ 73
스파게티 해조류
시토스테롤 ·················· 88
식물본초 ···················· 94
식생요집 ··················· 135
식성본초 ··············· 42, 135
식이섬유 ········ 29, 43, 51, 53, 56, 59, 61, 73, 74, 82, 88, 95, 99, 105, 109, 112, 122, 128
신기 ······················· 61
씨놀 ······················· 65

[ㅇ]
아가로스 ··············· 31, 141
아가로펙틴 ············· 31, 141
아연 ················· 25, 106
알긴산 ······ 14, 29, 30, 31, 32, 33, 65, 68, 73, 74, 75, 77, 79, 82, 95, 96, 97, 109
알긴산염
애기거머리말 ················ 15
애기다시마 ·················· 76
약채 ······················ 105
양서채 ···················· 105
어전 ······················ 118
염생식물 ·············· 18, 148
염장미역 ··············· 96, 97
염홍 ················· 118, 119
엽록소 ···· 19, 21, 25, 112, 122
엽상부 · 12, 13, 70, 78, 79, 98
엽상체 ··············· 108, 117
에스테르 ··············· 27, 30
오채 ······················ 87
옥해조 ···················· 105
와카메 ····················· 97
왕거머리말 ·················· 15
요오드 ······ 24, 25, 33, 34, 51, 71, 73, 79, 88, 95, 100
용수채 ···················· 112
우모초 ···················· 140

우무 ·········· 31, 135, 39, 140, 141, 142
우뭇가사리 ······ 13, 21, 30, 31, 111, 112, 113, 139, 140, 141, 142
우미 ································ 142
유리지방산 ························ 28
육지허태 ··························· 47
이수 ································ 112
인지질 ······························ 28
일본서기 ··························· 72
잇바디돌김 ················ 116, 127
잎꼬시래기 ······················ 113
잎파래 ············ 45, 49, 57, 58

[ㅈ]

자산어보 ··· 38, 42, 46, 50, 55, 57, 61, 81, 86, 87, 94, 103, 105, 120, 125, 134, 140, 146, 148
자송조 ······························ 42
자채 ·························· 94, 120
자해송 ······························ 42
잘피 ················ 14, 15, 16, 84
장허태 ······························ 59
저장다당류 ······················· 32
저태 ································· 57

적발초 ····························· 134
전분 ··················· 19, 134, 137
점질다당 ····· 26, 28, 29, 30, 31
젤라틴 ···························· 136
조간대 ······ 17, 19, 20, 21, 36, 50, 52, 54, 60, 66, 80, 101, 107, 111, 113, 124, 125, 126, 127, 128, 137, 139, 145
조선여속고 ······················· 92
조선의 수산 ···················· 118
종가사리 ················· 134, 146
주름진두발 ······················· 24
줄말 ································· 15
지누아리 ··················· 84, 127
지충이 ·········· 23, 84, 87, 105
진두발 ···· 13, 24, 30, 143, 144

[ㅊ]

참가사리 ························· 145
참갈파래 ·········· 26, 45, 49, 50, 51, 53
참김 ············· 26, 33, 56, 116, 117, 119
참다시마
참도박 ······················ 127, 128
참모자반 ····················· 13, 85
참풀가사리 ········ 145, 146, 147

참홑파래 ····· 26, 45, 60, 61, 62
창자파래 ····· 26, 45, 58, 59, 60
채암비 ································ 92
청각 ···· 24, 26, 41, 42, 43, 44
청열 ································· 112
청열해독 ·························· 141
청해태 ······························ 120
초초 ·································· 72
초학기 ······························· 92
추출물 ············ 61, 79, 88, 135
추태 ·································· 50
칠면초 ······························· 18
칭자오 ······························· 42

[ㅋ]

카라기난 ··· 14, 21, 29, 30, 31, 134, 135, 144, 145, 146
카로테노이드 ·········· 13, 19, 123
카로텐 ······················ 19, 21
카르복실기 ············· 27, 29, 30
캐러긴 ···························· 30
콜레스테롤 ······· 27, 39, 56, 61, 74, 88, 95, 100, 121, 122
콜로이드 ····· 21, 133, 141, 145
크산토필 ················ 19, 21, 25
클로로필 ······················ 13, 122

[ㅌ]

타우린 ············· 27, 39, 56, 59 109, 121
탄닌 ······················ 63, 68, 105
탄수화물 ··· 16, 21, 24, 27, 28, 29, 38, 43, 47, 50, 61, 65, 72, 79, 82, 88, 94, 105, 112, 121, 136
탄화수소 ··························· 27
태양조 ······························ 87
털도박 ···························· 128
토의채 ···························· 105
토의초 ······························ 42
톱니모자반
톳 ·········· 13, 26, 33, 42, 48, 83, 104, 105, 106
퉁퉁마디 ······················ 17, 18

[ㅍ]

파래 ·························· 39, 61
판미역 ···················· 91, 94, 96
패 ·································· 107
펙틴 ·························· 21, 31
편허태 ······························ 56
포기거머리말 ······················ 15
포피란 ···························· 122
포화지방산 ·················· 28, 122

폴리페놀 ································· 65
플로로탄닌 ············ 79, 85, 105
피코빌린 ·· 13, 20, 21, 25, 112
피코시안 ···························· 122
피코에리드린 ······················ 122
티로신 ························· 27, 56

[ㅎ]
하이차이 ······························ 96
한천 ············ 7, 14, 21, 29, 30, 31, 111, 112, 113, 129, 130, 135, 140, 141, 142
함초 ···································· 18
함황아미노산 ········· 27, 56, 121
해대 ···························· 94, 103
해대화 ································ 87
해산 ···························· 15, 20
해송 ···································· 42
해의 ·································· 118
해인초 ································ 43
해조 ················· 110, 136, 147
해조류 ······· 12, 13, 14, 15, 16, 17, 18, 19, 20, 21, 24, 25, 26, 27, 28, 29, 32, 33, 34, 95, 97, 103, 105, 106, 108, 110, 116, 117, 121, 124, 128, 131, 132, 136, 140, 147, 148, 149
해채 ···························· 94, 112
해초 ···································· 15
해추태 ································ 50
해호자 ································ 87
헤파린 ································ 88
현대실용중약 ······················ 94
현화식물 ···························· 15
혈압조절작용 ······················ 27
홍조류 13, 14, 17, 18, 88, 141
홍조소 ································ 21
화담연견 ···························· 112
화어산결 ···························· 141
황산기 ························· 27, 29
회미역
후코산틴 ···························· 21
히루딘 ································ 88
힐링푸드 ···························· 39

〈학명〉

Agarum cribrosum ·········· 98
Callophyllis japonica ······· 131
Capsosiphon fulvescens ·· 36
Chondria crassicaulis ····· 137
Chondrus crispus ············ 30
Chondrus ocellatus ········ 143
Codium fragile ················ 41
Costaria costata ············ 102
Ecklonia cava ·················· 63
Ecklonia stolonifera ·········· 68
Eisenia bicyclis ················ 78
Endarachne binghamiae 101
Enteromopha clathrata ····· 54
Enteromopha intestinalis · 59
Enteromorpha compressa 55
Enteromorpha linza ·········· 57
Enteromorpha prolifera ···· 45
Gelidium elegans ············ 139
Gigartina tenella ············ 129
Gloiopeltis furcata ·········· 133
Gloiopeltis tenax ············ 145
Gracilaria textorii ············ 113
Gracilaria verrucosa ········ 111
Gracilariopsis chorda ······ 113
Grateloupia elliptica ········ 127
Grateloupia okamurai ····· 128

Ishige okamurai ············· 107
Kjellmaniella crassifolia ···· 76
Laminaria japonica
Meristotheca populosa ·· 108
Monostroma latissimum · 61
Monostroma nitidum ······· 60
Pachymeniopsis yendoi · 128
Phyllymenia sparsa ········ 128
Pyropia dentata
Pyropia seriata ··············· 125
Pyropia suborbiculata ····· 123
Pyropia tenera ················ 117
Pyropia yeaoensis ·········· 125
Saccharina japonica ········ 70
Sargassum fulvellum ······· 86
Sargassum fusiforme ····· 104
Sargassum horneri ··········· 84
Scytosiphon lomentaria ··· 66
Silvetia siliquosa ·············· 80
Ulva lactuca ···················· 49
Ulva pertusa ···················· 52
Undaria peterseniana ······· 99
Undaria pinnatifida ··········· 91

⟨영명⟩

Acrylic acid ························ 43
Agar ································ 31
Agaropectin ························ 31
Agarose ···························· 31
Alanine ····························· 27
Alginic acid ···················· 29, 30
Anhydrogalactose ················ 30
Anthraxanthin ················ 19, 21
Aspartic acid ······················ 27
Canthraxanthin ···················· 21
Carbohydrate ······················ 28
Carotene ···················· 19, 20, 21
Carotenoid ····················· 13, 19
Carrageenan ······················ 30
Carragen ··························· 30
Carragheen ······················· 143
Ceylon moss ····················· 139
Chlorophyll ························ 13
Curly gristle moss ············· 143
Curly moss
Cysteine ···························· 27
Cystine ····························· 27
Dianoxanthin ······················ 28
Diglyceride ························· 28
Egg flower ························· 75
Eicosapentaenoic acid ······· 106

EPA ···························· 106, 122
Fucosan ····························· 21
Fucoxanthin ························ 21
Galactose ··························· 30
Glucopyranose ···················· 32
Glutamic acid ······················ 27
Glutathione peroxidase ······· 34
Grass kelp ························· 59
Green laver ············· 45, 57, 60
Gulf weed ·························· 86
Gutweed ···························· 59
Halophyte ·························· 17
Hirudin ······························ 88
Histidine ···························· 27
Irish moss ·········· 30, 143, 144
Jelly moss ························ 143
Kelp ····························· 68, 70
Kombu ······························ 70
Laminaran ···················· 21, 32
Laver ·························· 116, 125
Leucine ······························ 27
Linalool ····························· 43
Lutein ·························· 19, 21
Mannitol ························ 21, 32
Methionine ························· 27
Monoglyceride ···················· 28
MSG(monosodium glutamate) 71

Neofucoxanthin ······ 21	Sterol ······ 27
Neoxanthin ······ 19	Sterol ester ······ 27
Phycobilin ······ 13, 20	Taurine ······ 27
Phycocyanin ······ 21	Triglyceride ······ 27
Phycoerythrin ······ 21	Tyrosine ······ 27
Rack laver ······ 125	Valine ······ 27
Rock moss ······ 143	Vermicelli ······ 67
Sea grass ······ 4	Violaxanthin ······ 19, 21
Sea kelp ······ 76	Whip tube ······ 66
Sea moss ······ 111	Xanthophyll ······ 19
Sea mustard ······ 91	Zeaxanthin ······ 19
Sea oak ······ 78	
Sea staghorn ······ 41	
Sea tangle ······ 70	
Sea trumpet ······ 63	
sea vegetable ······ 4	
Sea-lentil ······ 86	
Sea lettuce ······ 49, 50, 52	
Seanol ······ 65	
Seaweed fulvescens ······ 36	
Seaweed furcata ······ 133	
Seaweed fusiforme ······ 104	
Seaweed papulosa ······ 108	
Seaweed tenella ······ 129	
Seaweed wrightii ······ 80	
Seersucker ······ 102	
β-sitosterol ······ 88	

찾아보기 159

바다의 채소 해조류, 제대로 알고 먹자!

인쇄일	2022년 6월 27일
발행일	2022년 7월 1일
글쓴이	임치원
발행인	김진규
발행처	효일문화사
등 록	제301-2009-038호
주 소	서울특별시 중구 수표로10길 9 신원빌딩 3층
전 화	02-2273-4856 **팩 스** 02-2269-3354
홈페이지	http://hyoil.com **이메일** hyoil0@naver.com
ISBN	979-11-86432-34-1 03480
정 가	19,500원

* 낙장·파본은 교환해 드립니다.